中国建筑设计研究院设计与研究丛书

重生

西安大华纱厂改造

RECONSTRCTION OF XI'AN DAHUA SPINNING MILL

中国建筑工业出版社
China Architecture & Building Press

目录

卷首语

在这个日新月异的时代，记忆特别容易流失，而对城市记忆的保留正逐渐被关注。近年来，在这座古都里有许多遗址得到保护，抑或修复、重建，显示出政府对历史文化的尊重，或也有对城市特色的追求。但城市不是博物馆，我们不能设想把城市建筑当成文物来封存陈列；我们也不能把城市历史断定在某个朝代。城市的历史是连续的；城市建筑就是这部历史的记录者。换句话说，要真实而完整地记载历史至少应该认真地保留每个历史时期有代表性的建筑遗痕。

2010年的冬天，我们穿过空旷的大明宫遗址公园走进拥挤的大华纱厂，强烈的视觉反差给我们留下深刻印象。这里不像那些大遗址年代久远、名声显赫，但近八十年历史的厂区里密集地排列着不同年代建设的厂房记载着真实的历史；这里也不像那些重修一新的历史主题公园华丽壮美，但陈旧甚至略显破败的建筑上由于留有大量的时间痕迹而显出富于内涵的成熟美；这里更不像当下浮躁的都市中那些标志性建筑那般张扬个性，工业建筑那种实用性、工艺性和技术性特点使得它更有一种自然的、清晰的力度和“酷感”。这里也没有对面大明宫遗址公园那么宏大壮观，但那高大杨树下的小路和房前屋后的小院却有一分格外的亲切和宁静。

更让我们对这个改造项目有兴趣的是业主的想法——他们希望将这个工厂改造成有特色的商业、餐饮、观演和艺术活动的创意社区，可以想象在这些巨大的锯齿形天窗下由欢快的城市生活代替原来奔忙在成片喧哗的机器行间的辛勤劳作是幅多有张力的情景！也可以想象在那强壮有力的混凝土箱梁框架背景下时尚的商品也会显出更多的灵性。当然我们更想让那些小院子成为午后喝茶的好去处；更想让锅炉房的老烟囱成为当代画廊的标志物；更想在老厂房的一角搬回百十台老机器，挂上老照片，像收藏文物一样记下我们民族工业发展的艰难步履；也想象在这有记忆的空间里能让人们体验和欣赏“生活的戏剧”。

抱着这样的理想我们设计团队三年多来付出了辛勤的劳动，从多次现场调研到多次方案优化，从创作构思到施工现场的服务。我们有意拆除窄小的辅房以露出富于特色的主体结构；我们认真整修衰败的老房让其显出过去时代的精美工艺；我们珍惜保护每一颗大树让绿色生命在这里延续成长；我们仔细保留下那些有记忆价值的老墙面、老牌匾、旧标语和少量遗留下来的老设备旧管线以将历史的痕迹传给未来。当然我们也掀开部分的屋顶让阳光照亮主题空间，我们也砸掉少量楼板构建立体空间，我们还在小院里搭建玻璃房让新旧建筑对话，我们也利用煤场创造出现代艺术展厅让运煤廊在其中跨越，还有新旧空间的转换，新旧材料的混搭，新旧工法的并置，新旧景观的合成等等。很庆幸，我们在设计中得到了业主的大力支持和充分信任，也得到兄弟设计单位的通力合作和耐心配合，更有各个参建单位卓有成效的施工和管理。应该说，这个改造工程是大家精诚合作的成果，是大家共同的作品！

当然，这个故事还远没有结束，或者说“大华1935”的初步建成仅仅是这个老厂房新生命的开始。我们真心期待更有创意的艺术家、设计师的参与，你们的作品将成“点睛之笔”，让这个沉默的老厂有了灵性；我们也希望更有品位的商家名店早日进驻，你们的经营将引领时尚之风，让这个苍老的工厂唤起春意；我们更愿相信越来越多的市民游客喜欢这里，他们的光临将带来城市的活力，让这个承载着历史记忆的老厂重新融入当代的生活。

这就是我们对“大华1935”的真情祝福！

崔愷

2013年9月

(原文载于大华纺织工业博物馆)

西安大华纱厂（1949年后被称作国营陕西第十一棉纺织厂）创建于1934～1936年，是陕西以及西北地区建立最早的机器纺织企业。它代表着西安这座古都近现代发展中不同寻常的历史段落。在建厂之初，其主要的生产厂房多采用钢结构，并由日本工程师设计；建筑材料、纺织及其他生产设备也主要从英国、日本、瑞士等国家进口，体现了当时工业建筑建造以及纺织工业生产的最高水平。从建成到2008年停产改制的70多年中，西安大华纱厂在不断建设和生产过程中经历和见证了众多的历史时刻，纱厂及其所蕴含的工业象征也逐渐成了西安当地人重要的城市记忆。

历史的气息如何能够延续并和城市生活重新发生联系？

在这迷宫般的工厂中隐藏着怎样的历史？
在无数工人曾走过的地方可以追溯到怎样的往昔记忆？

这里不应该只是作为时间的标本，
然而什么样的对比是可以接受的？
如何平衡过往、现在与将来之间的关系？

如何找到恰当的设计与工业美学产生对话？

当面对这些令人触动的画面、场景和空间的时候如何作出取舍？

如何展现中国传统对过往的尊重？

卷壹　探寻

历史年表

■ 1911年10月，辛亥革命爆发。

■ 1931年，日本发动"九一八"事变，武装侵占中国东北。

■ 1935年，陇海铁路通到西安。

■ 1936年12月12日，"西安事变"。

■ 1937年7月7日，"卢沟桥事变"，"抗日战争"全面爆发。

■ 1937年12月，日军制造南京大屠杀。

■ 1939年，沿海企业内迁，陕西人口增至1015万。

1930's ~ 1940's

■ 1934年，石家庄大兴纺织厂厂长石凤翔等到西安筹建大兴纺织二厂。建厂事宜得到西安绥靖公署主任杨虎城和陕西省政府主席邵力子支持协助。

■ 1935年3月，陕西省建设厅颁发第143号建厂许可证。

■ 1936年，建成开工生产，股东增加投资，9月成立大华纺织股份有限公司，更厂名为"长安大华纺织厂"，石凤祥任经理。

■ 1937年，职工救国会成立，并通电全国，反对内战，一致抗日。

■ 1938年，工厂以300万元作抵押与上海意大利天主教堂签订协议，悬挂意大利国旗，以保护工厂免受轰炸。

■ 1939年至1941年，工厂多次遭日军轰炸，人员死伤与财产损失无数，工厂决定部分设备西迁至四川广元建分厂。

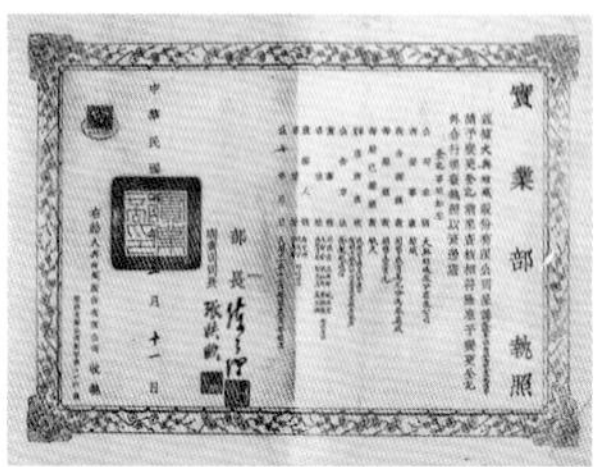

1930年代实业部执照

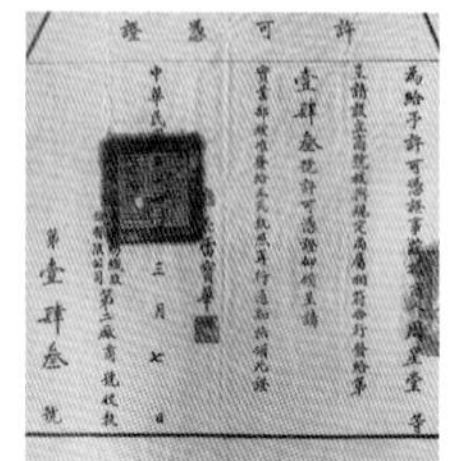

1935年建厂许可凭证

1936年建厂时设备

1934年大华高层与杨虎城、邵力子会晤

1936年老北院石凤翔公馆

1936年石凤翔

■ 1945年8月15日，日本投降，抗日战争胜利。

■ 1946年6月，国民党进攻中原解放区，内战爆发，人民解放战争开始。

1940's ~ 1950's

■ 1941年，大华纺织专科学校成立，石凤翔任校长，为陕西近代史上最先创办的纺织专科学校。

■ 1942年9月，细纱车间屋顶电线走火引起火灾，延及全厂。10月国民党军政部针对火灾损失，给予无息贷款3000万元支持。

■ 1944年，长安大华纺织厂、上海大秦纺织厂老板石凤翔的女儿石静宜与蒋纬国成婚。

■ 1946年4月，石凤祥任裕大华三公司总经理。

1939年～1941年日军轰炸工厂的粗纱、细纱车间

1944年蒋、石两家联姻

1949年军管会结束大会

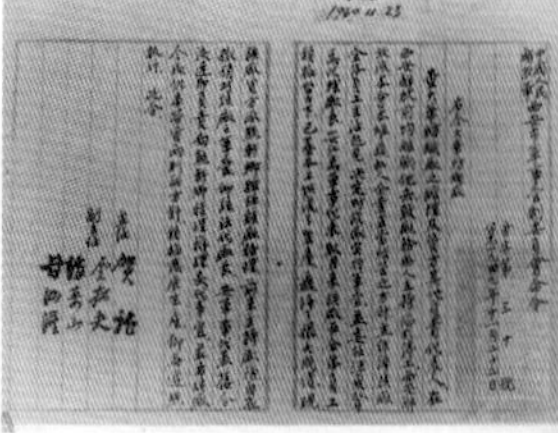

1949年军管会令

■ 1949年5月，西安解放。

■ 1949年10月，中华人民共和国成立。

■ 1950至1951年，土改、抗美援朝、镇反三大运动。

■ 1953年7月，抗美援朝战争胜利，“一五”计划开始。

■ 1954年，一届人大召开，通过了《中华人民共和国宪法》，确立了人民代表大会制度(政体)。

■ 1956年，社会主义改造基本完成。

■ 1957年4月，“反右派”运动。

■ 1958年，“大跃进”、“人民公社化”运动。

■ 1949年3月，石凤翔辞去大华总公司经理职务，去台湾经营大秦公司。5月国民党胡宗南余部进厂破坏，炸塌锅炉房，工人“纠察队”英勇护厂，迎接西安解放。

■ 1949年6月，西安解放，工厂复工，贺龙将军到工厂视察。

■ 1949年7月，中国人民解放军西安市军事管制委员会对工厂实行军事管制，下令没收官僚资本。12月撤销对工厂的军事管制。

1950’s ~ 1960’s

■ 1951年9月，为支持抗美援朝，全厂职工捐献“大华职工号”米格战斗机一架。

■ 1951年11月，实行公私合营，更厂名为“公私合营大华纺织股份有限公司秦厂”。

■ 1952年11月，全体职工给毛主席写信，汇报工厂《增产节约计划》。

■ 1952年12月，中共中央办公厅秘书室复信，勉励全厂职工团结一致，为胜利实现增产节约计划而努力。

■ 1953年，陆续完成改造项目，西厂房屋顶改为锯齿形。1955年大礼堂竣工。

■ 1957年，开展“反右”斗争和“整风运动”。

1949年 工人英勇护厂

1949年6月复工大会

1949年7月贺龙将军来厂视察

20世纪50年代职工生活

1951年雁塔商标注册证

1952年中央办公厅回信

1951年更名“公私合营大华有限公司秦厂”

■ 1966年5月，“文化大革命”开始。

1960’s ~ 1970’s

■ 1960年，贯彻国民经济“调整、巩固、充实、提高”的方针，根据山西省纺织工业局“停小厂、开大厂、停老厂、开新厂”的原则，大华纺织厂正式停产。

■ 1964年，工厂更名为“陕西公私合营大华纺织厂”，归属陕西省纺织工业局领导，并恢复生产。

■ 1966年12月，经陕西省纺织工业局批准，更名为“国营陕西第十一棉纺厂”。

■ 1967年，经中国人民解放军陕西省支委会批准，厂革命委员会成立，在厂内召开“掀起斗、批、改新高潮现场会”。转入整党、建党阶段。

■ 1968年，宽幅纯棉细布开始出口，产品畅销中国香港、日本、美国、英国、西德、荷兰等13个国家和地区。

1966年更名为“国营陕西第十一棉纺厂”

“文化大革命”期间

1953年西厂房改为锯齿形天窗

■ 1971年10月，中国恢复在联合国的合法席位。

■ 1976年，“文化大革命”结束。

■ 1978年，《光明日报》发表《实践是检验真理的唯一标准》。12月十一届三中全会召开，改革开放开始起步。

1970’s ~ 1980’s

■ 1974年，荣获陕西省纺织系统和西安市“工业学大庆”先进单位。

■ 1976年，全体职工深入批判四人帮流毒。

■ 1978年，荣获陕西省西安市纺织系统“工业学大庆红旗单位”称号和“大庆式企业”称号。

■ 1979年，织布车间扩建工程动工，建筑面积13800平方米，投资392万元。涤棉细布被评为全国名牌产品，荣获“陕西省先进企业”称号。

■ 1980年，扩建细纱车间，改造筒并捻车间的“170工程”动工，计厂房7020平方米，宿舍4000平方米。

幼儿园组织丰富多彩的活动

1979年涤棉细布获全国名牌产品

1979年织布车间扩建工程

20世纪80年代获部优产品奖

■ 1980年，在深圳、珠海、汕头、厦门试办经济特区。

■ 1982年9月，邓小平在中共“十二大”上首次提出“建设有中国特色社会主义”。

■ 1984年10月，十二届三中全会召开，会议提出推进经济体制改革。

■ 1993年11月，十四届三中全会召开，提出“建立社会主义市场经济体制”。

■ 1997年7月1日，香港回归。

■ 1999年12月，澳门回归。

1980's ~ 2000's

■ 1981年至1982年，锅炉房改造工程，建筑面积2194平方米。

■ 1987年，二期厂房，新锅炉房开始建设。

■ 1990年10月，第一期危房改造工程完成。

■ 1994年1月，第二期危房改造主体工程完成。6月举行全员劳动合同首签仪式。

■ 1998年6月，按照陕西省纺织总公司统一部署实施压锭减员。12月中国华诚集团兼并，交由陕西唐华集团管理。

■ 1999年10月，宣告政策性破产。

20世纪80–90年代厂区生产车间一览

■ 2001年，中国被接纳为世界贸易组织(WTO)成员。

■ 2002年4月，博鳌亚洲论坛首次在海南省举办。

■ 2003年10月，“十六届三中全会”提出完善社会主义市场经济的主张。

■ 2008年5月，四川汶川发生里氏8级特大地震。

■ 2008年8月至9月，北京成功举办第29届奥运会、13届残奥会。

■ 2010年5月至10月，第41届世界博览会在上海市举行。

■ 2013年9月，中国(上海)自由贸易试验区正式挂牌成立。

2000's ~ 2010's

■ 2001年3月，更名为“陕西大华纺织有限责任公司”。

■ 2007年10月，西安大明宫遗址区保护改造项目启动。

■ 2008年10月，随唐华集团一起实施政策性破产。

■ 2009年，西安纺织集团有限责任公司成立。

■ 2010年，西安纺织集团新厂区奠基仪式隆重举行。

■ 2011年，西安大华公司生产区移交曲江大明宫投资集团，启动“大华1935”项目改造工程，开始了以工业遗产保护利用为基础，由纺织生产向文化、商业服务产业转型的改造。

■ 2014年完成工程改造，改造历时近4年时间。

2008年破产重组

2014年厂区建筑改造完成

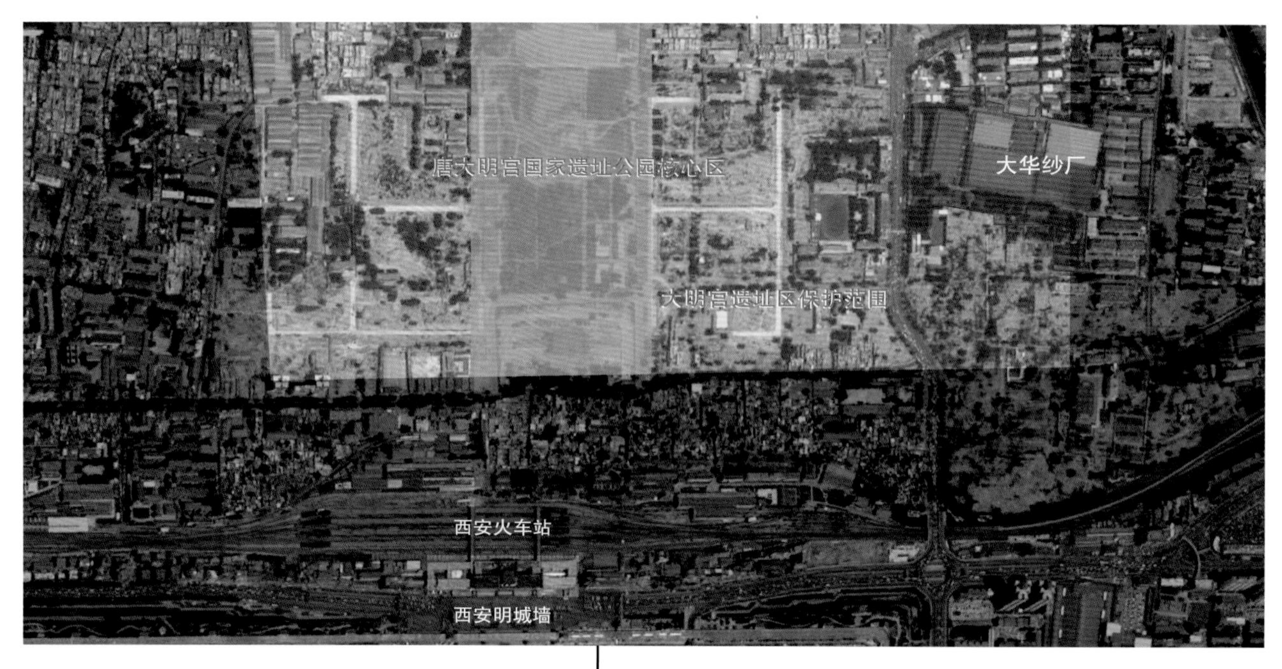

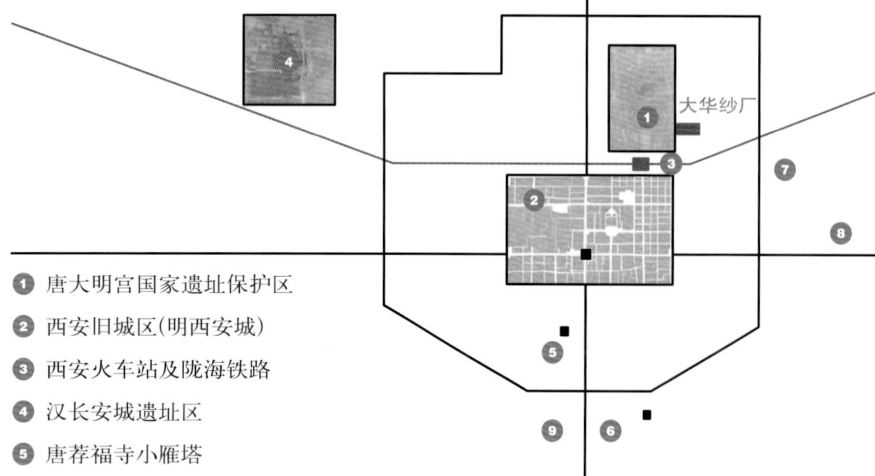

1 唐大明宫国家遗址保护区
2 西安旧城区(明西安城)
3 西安火车站及陇海铁路
4 汉长安城遗址区
5 唐荐福寺小雁塔
6 唐慈恩寺大雁塔
7 二环路
8 东西方向城市轴线(东、西大街延长线)
9 南北方向城市轴线(南、北大街延长线)

大华纱厂地处西安旧城区(明西安城范围)东北方向，其西侧为唐大明宫国家遗址保护区，厂区原址位于历史上唐大明宫东内苑范围之内。工厂最初选址在西安东郊胡家庙，后因故放弃；厂址最终选定在西安火车站附近的郭家圪台，此处南邻陇海铁路，交通便利，地势平坦。1935年在陕西省主席邵力子和西安绥靖公署主任杨虎城的支持下，经多方斡旋，设厂于此地。

所在位置

规模类比

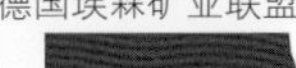

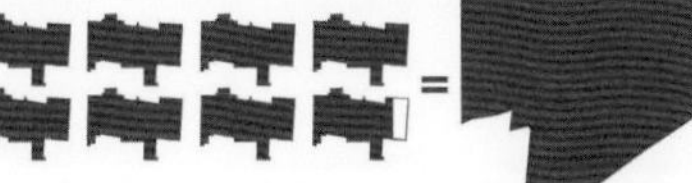

大华纱厂最初购地123亩，最终生产厂区占地约145亩 (96570平方米)，东西长492.3米，南北长333.6米。

由于为纺织类工厂，大华纱厂生产厂区较为紧凑，其占地规模约为德国埃森矿业联盟、北京798工厂等这类著名的工业改造项目的八分之一。

厂区变迁

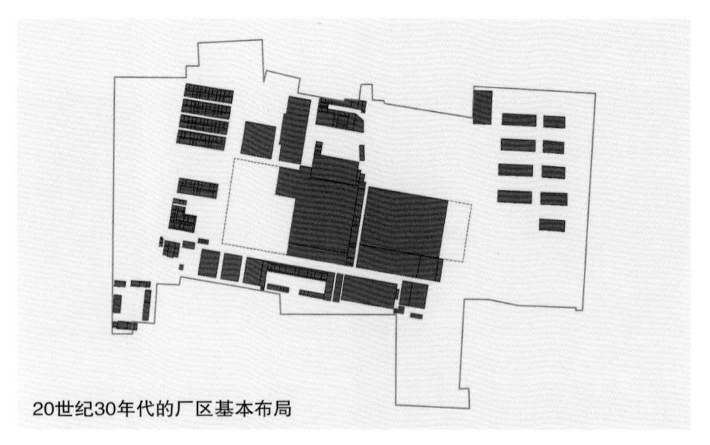

20世纪30年代的厂区基本布局

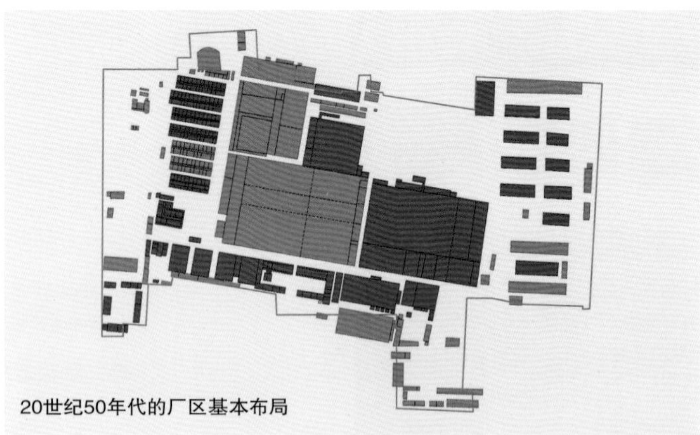

20世纪50年代的厂区基本布局

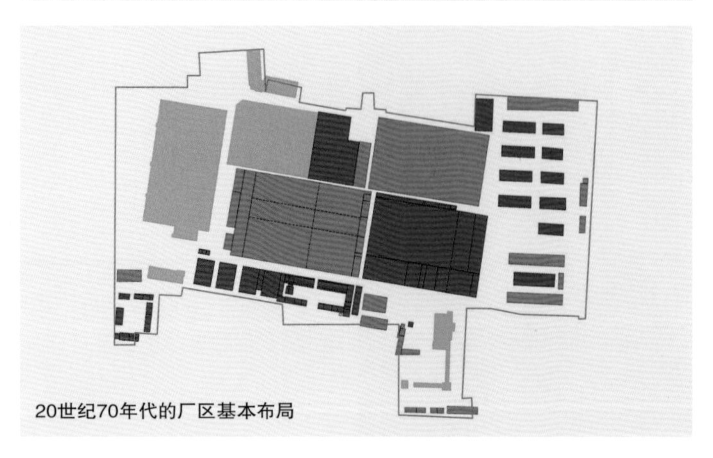

20世纪70年代的厂区基本布局

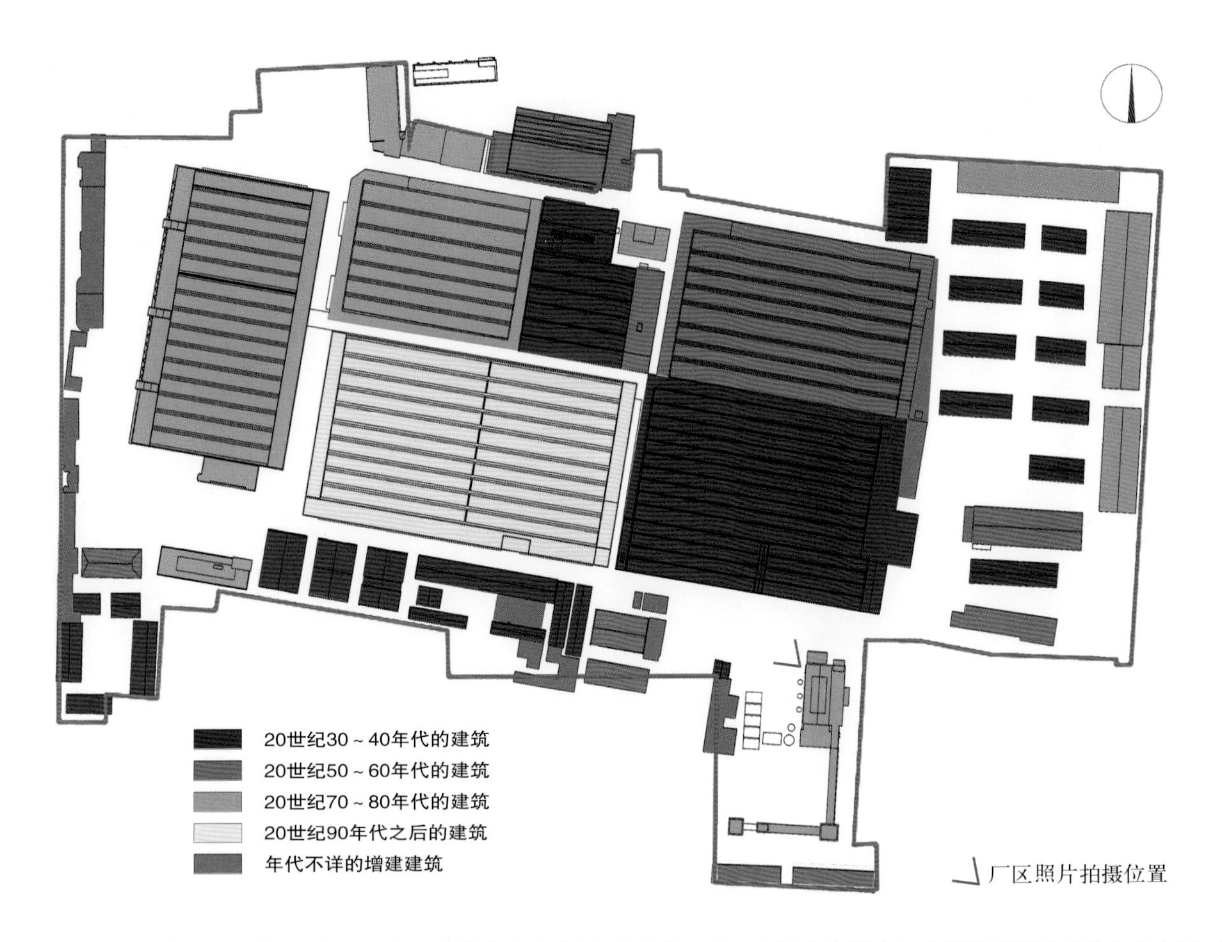

大华纱厂建成至今已经80年，历经几十年的连续生产和发展，大华纱厂生产厂区内存留有各个历史时期建成的生产车间、仓库、动力用房及管理用房等建筑，建成时间从20世纪30年代到90年代不等，建筑尺度和结构类型较为多样化。不同时期厂区建筑的状态和异同，可以按屋顶、外墙、内墙、墙裙、梁架、柱子及工业构件等几大类建筑元素类型，进行归纳与分析。

改造前从锅炉房顶拍摄的厂区状态

20世纪30年代及部分50年代之后修建的经理办公区、厂区库房、动力用房等建筑主要采用以木屋架或钢屋架为结构的双坡屋顶。

不同时期建成的生产厂房，其内部车间主要采用以钢屋架或混凝土屋架为结构的联排单坡锯齿形屋顶。

生产厂房周边辅房及冷冻站、轻花车间、锅炉房、职工食堂等附属用房主要采用混凝土结构的非坡屋顶。

拱形薄腹梁屋顶建筑

屋顶

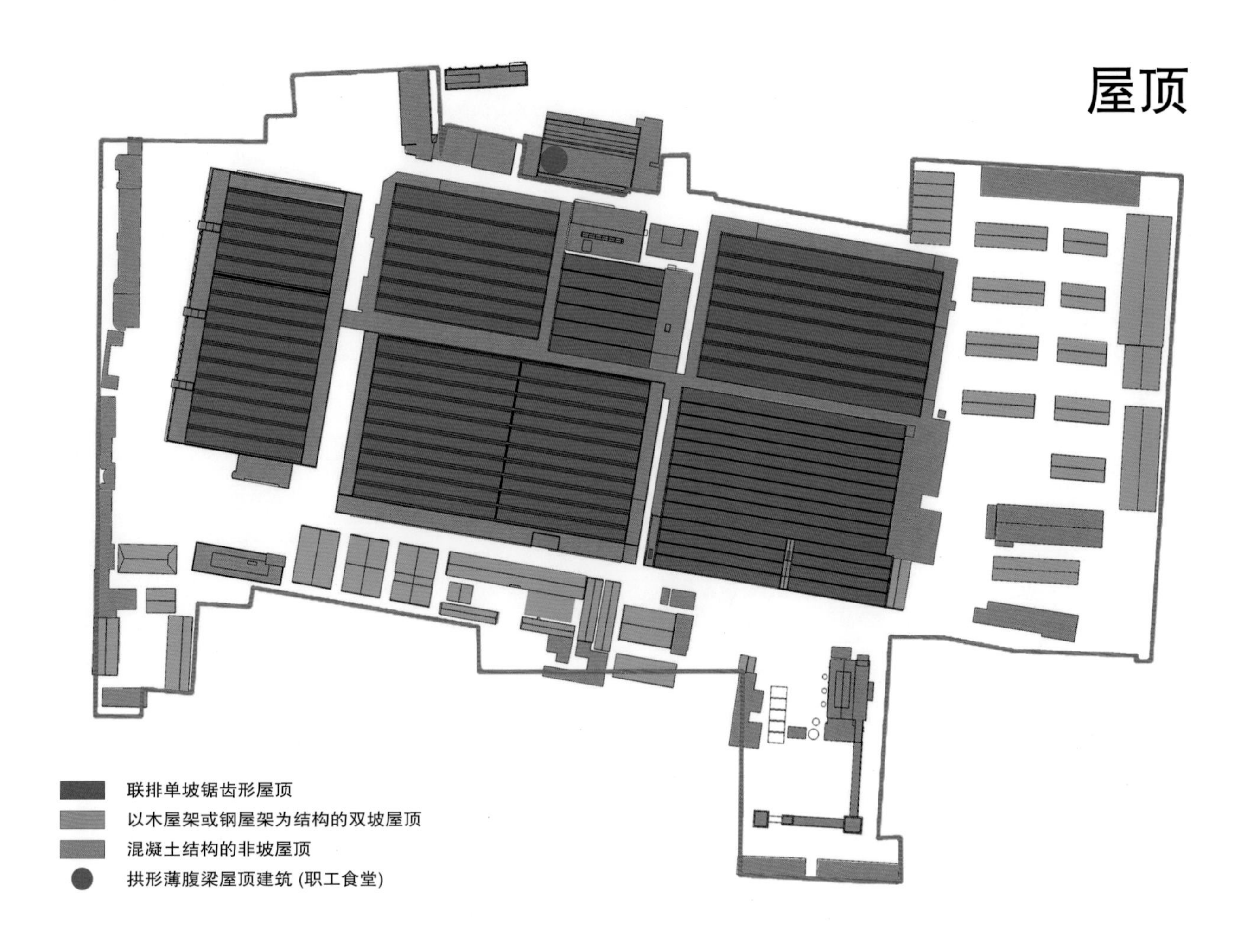

生产厂区各栋建筑主要采用双坡屋顶、联排单坡锯齿形屋顶及其他非坡屋顶等三种类型。其中修建年代最早、尺度较小的配套建筑主要采用双坡屋顶。作为生产厂房核心的生产车间主要采用与内部连续空间相适应的联排单坡锯齿形屋顶，此种类型屋顶设有北向的采光高侧窗，这是纺织工业建筑的显著特征。生产厂房周边一般设有单层或多层的生产辅房，该部分建筑及冷冻站、轻花车间、锅炉房、综合办公楼等厂区其他附属用房主要采用平屋顶。值得一提的是，位于厂区北侧的职工食堂，其大厅部分采用了混凝土拱形薄腹梁屋顶，该屋顶为大华纱厂职工自行设计并完成施工，1975年建成时，为当时西北地区跨度最大的拱形薄腹梁屋顶建筑。

外墙

20世纪30年代修建的老厂房、办公区用房、花栈库房、厂区医院等建筑的外墙主要采用灰色清水砖墙，墙体多为承重墙体。

20世纪50年代以后陆续修建的单层生产车间、筒并捻车间辅房、锅炉房等建筑的外墙主要采用红色清水砖墙。以锅炉房为例，这类采用框架结构的建筑，墙体主要为填充墙体。

20世纪70、80年代修建的二层生产车间、冷冻机房、厂区办公楼、食堂等建筑，由于更多采用预制框架结构或混凝土框架结构，其外侧填充墙表面主要采用较为朴素的混凝土抹灰面层或水刷石面层。

车间题字及标志

墙面砖雕细部

各栋建筑的墙体，可以被看作是带有历史信息的载体。建筑外墙的不同材料本身就体现了其建造年代；除此之外，不同时代的题字、名称、雕刻、绘画及各种改建产生的变化都成了建筑外墙具有时间质感的印迹。

“大跃进”时期壁画

墙面拆改痕迹

内墙

建筑内墙表面材料以墙面涂料为主。墙面上各种政治标语、宣传口号、生产渍染以及长期使用所导致的斑驳，使得寻常的车间内墙也具有了在历史之中形成的、特有的丰富状态。

由于被长期使用，内墙面上留下了各个时期修理、拆改以及由于墙体面层剥落所形成的各种痕迹；同时，墙面上还留有字迹等人为印痕，使得墙面上更增添了因时间流逝而产生的生动效果。

68
杂色木管
当心机械伤人

墙裙

原有厂区内生产车间、生产通道中大量使用的绿色墙裙则成为贯穿在建筑内墙上的、具有连续性和历史感的重要视觉元素。

生产厂区内仅存的两栋20世纪30年代建造的生产车间，主要采用了连续跨度的单层锯齿形钢结构梁架，其钢构件尺寸较为纤细，构件之间交接十分精致；整体钢结构梁架具有很强的结构美感，体现了当时工业建筑施工建造的技术水平。

梁架

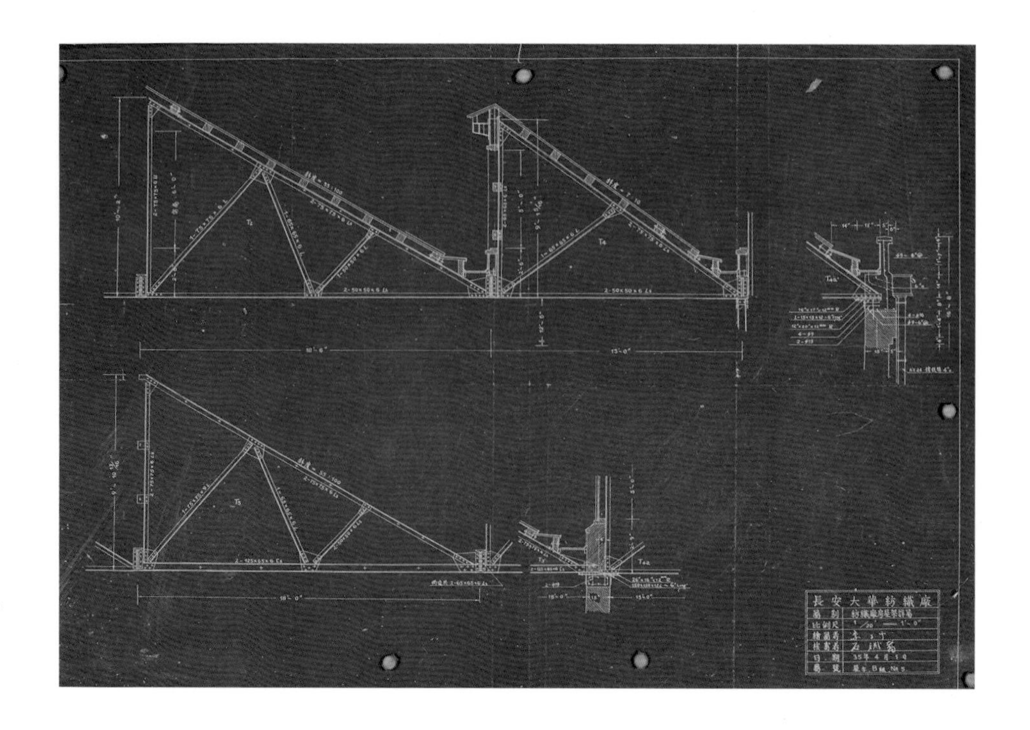

生产厂区内其他20世纪50年代之后修建的各生产车间，主要采用了混凝土预制装配式结构梁架，沿东西方向上布置有混凝土箱形主梁(内部空腔兼作车间风道)，主梁上为南北向预制锯齿形次梁；整个梁架结构逻辑清晰、简洁朴素，体现了中国在1949年之后典型的纺织工业建筑特征。

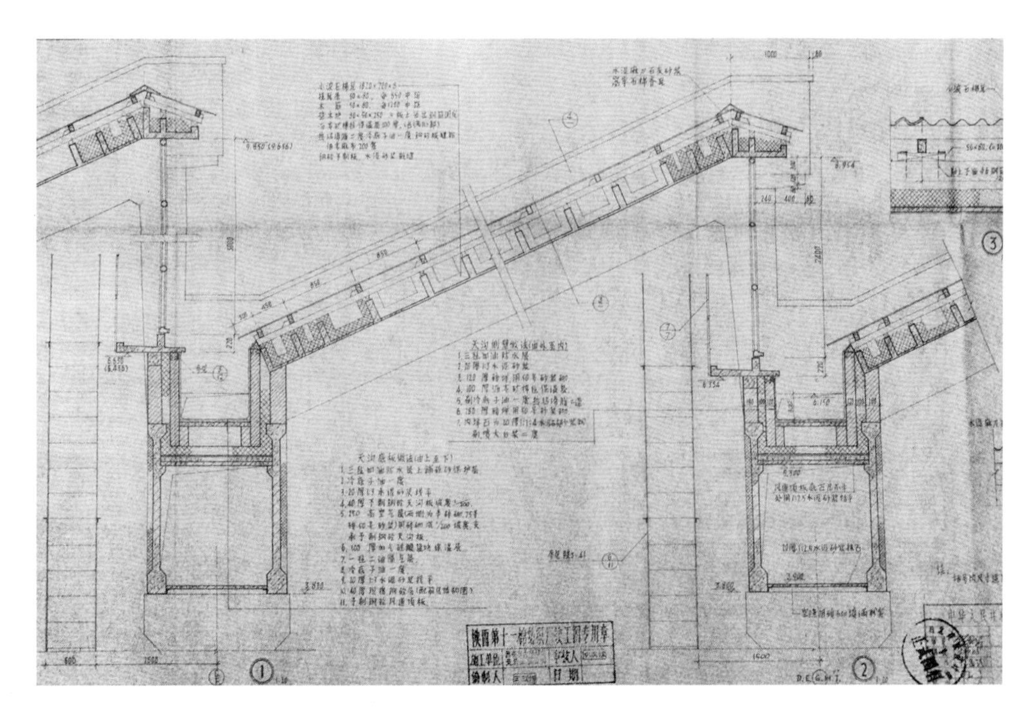

柱子

20世纪30年代修建的生产车间采用了与钢屋架相匹配的钢结构柱，钢结构柱以工字钢柱为主，部分区域使用双角钢柱。其他20世纪30年代修建的办公区用房、库房等附属用房，在主要的砖墙承重体系之外，根据不同情况灵活地采用了木柱、石柱等柱子形式。

库房内的木制支柱

老车间里的工字钢柱

带欧式凹槽的石制廊柱

20世纪50年代之后修建的各生产车间，无论是单层还是两层，均采用了独立的预制混凝土结构柱，柱体敦实有力，与其上部的预制结构梁或箱形梁相结合，共同形成了车间内部所特有的空间连续性及韵律感。同时，柱身上也普遍采用了与墙体高度基本一致的绿色墙裙，这使得室内色彩搭配呈现出纺织厂房所特有的简洁和统一。

整个厂区在长期的生产和建设中，留下了大量与生产流程相配套的工业构件，其中一些室外构件与厂区建筑本身结合在一起，例如特殊的窗扇、风向标、脱硫塔等；有些作为联系性元素在建筑之间延续，例如室外架空的管道；还有一些则成为较为独立的构筑物，例如吊架、通风塔等。这些留存下来的室外工业构件，以明确的方式提示出曾经的生产工艺流程及特征，也使得建筑和场地充分展现了工业化的气质和痕迹。

1 带轨道的外窗护板
2 建筑立面上的管道
3 厂区内的架空管道
4 道路边的钢制支架
5 洗煤池上的吊架
6 煤场上的输煤廊
7 脱硫塔与排水沟
8 屋顶风向标

工业构件——室外部分

室外工业构件赋予建筑和场地的工业化气质

工业构件——室内部分

在生产车间及与其相配套的工业用房室内，同样也留下了大量与生产有关的工业构件，其中一部分构件是室外构件在室内的对应和延伸，例如连接不同车间的各种管道、风道等；另外一部分室内构件则是与各生产车间的功能和需要有关，例如开窗器、煤斗、检修马道等；因此，留存在建筑室内的工业构件，既呈现了各栋建筑当初的生产使用功能，又使得其各自的室内空间，呈现出独有的建筑细部及工业美学。

1. 电动开窗器控制箱
2. 室内供暖管道
3. 室内送风管道
4. 室内设备基础
5. 起吊设备轨道
6. 通风洞口门扇
7. 混凝土输煤斗
8. 地面输煤漏斗
9. 室内排水沟
10. 煤廊传送坡道
11. 侧天窗检修马道

室内工业构件展现的工业美学

有人工作
严禁合闸
7
分路名
11#电容器
编号:72

卷贰 慎行

改造前的大华纱厂留存了各个历史时期的建筑，整个生产厂区就像是一座有关纺织工业的建筑历史博物馆——这里充满了历史和记忆。设计的开始不仅基于对各栋单体建筑的调研，更依靠了对整个厂区建筑群体关系的综合研究。

厂区内不同年代的生产车间形成了清晰的结构格局、建筑走向及形式特征；同时，在这样具有秩序性的建筑群体中的不同位置，仍然存在着体现明确历史特征和可识别性的建筑及空间元素。这些特殊元素在整体结构之中提示出了总体改造设计上的可能性。

根据厂区自身体现出的提示性，通过新的步行系统和公共空间的设定，进一步沟通和强化各历史元素之间的关联。同时，以这种慎重的改造原则为设计的出发点，确定具备设置街道和公共空间的潜在位置，逐步将大华纱厂中的场所、建筑及历史组织在一起，使工业化的厂区有机会转变为更具体验的城市街区和建筑体。

在这一过程中，厂区的历史脉络、人们活动及穿行的选择性和多样性，得以成为理解、感知和重新利用整个大华纱厂的引导线索。

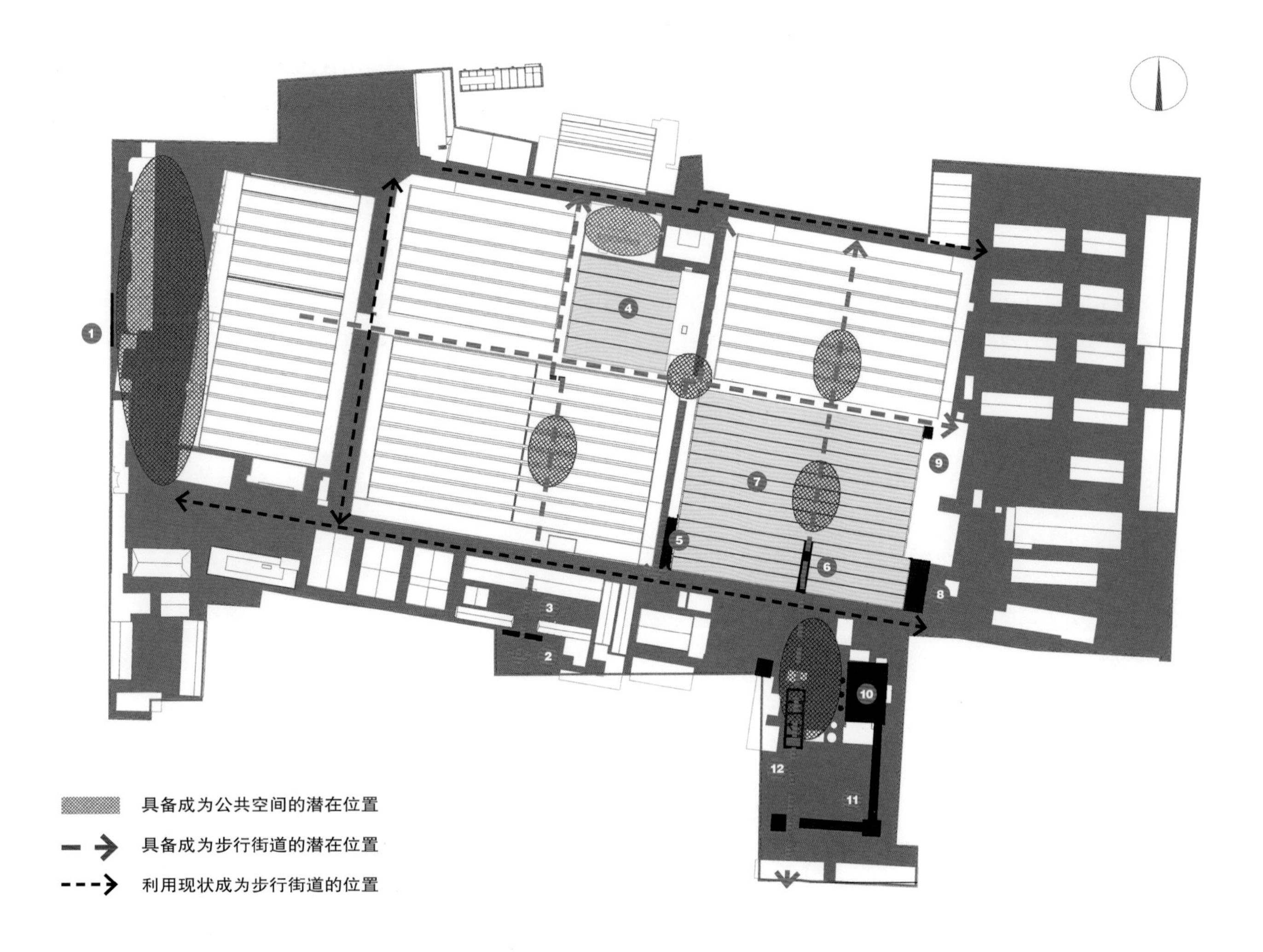

设计的线索

改造前有历史特征的建筑及空间元素

1. 大华纱厂生产厂区大门
2. 大华纱厂老南门(20世纪30年代厂门)
3. 老南门经理办公区院落
4. 筒并捻车间(20世纪30年代的主要厂房之一)
5. 老布厂车间入口门楼
6. 老布厂车间气楼
7. 老布厂车间(20世纪30年代的主要厂房之一)
8. 老布厂车间办公辅房(含特色的屋架结构)
9. 老布厂车间通风塔
10. 厂区锅炉房
11. 厂区锅炉房输煤廊
12. 混凝土吊架及沉淀池

不同于一般的城市街区，工业建筑厂区的布局只需要保证正常的工艺流程和管理需要即可，故原有生产厂区建筑之间呈现出接踵摩肩的高密度共存状态。根据营造城市街区所需的空间、尺度及消防安全等要求，有必要根据实际的建筑状况，对厂区内这种高密度状态进行一定程度的疏解。

通过实际调研，设计团队将厂区原有建筑归纳为三种类型及对应的解决方式:

(1)生产厂房周边一般有单层或多层的生产辅房，生产辅房开间、进深偏小，空间封闭，使用灵活性也较差；可根据需要拆除部分生产辅房。

(2)生产厂区中部设有衔接各车间的室内生产通道，空间狭长且较为封闭；去掉原有屋顶，具备着将其转化为室外街道的可能。

(3)生产厂区内在不同时期增建或搭建小型配套用房，这部分建筑质量一般，并且局部空间拥塞；可对其进行相应的拆除和清理。

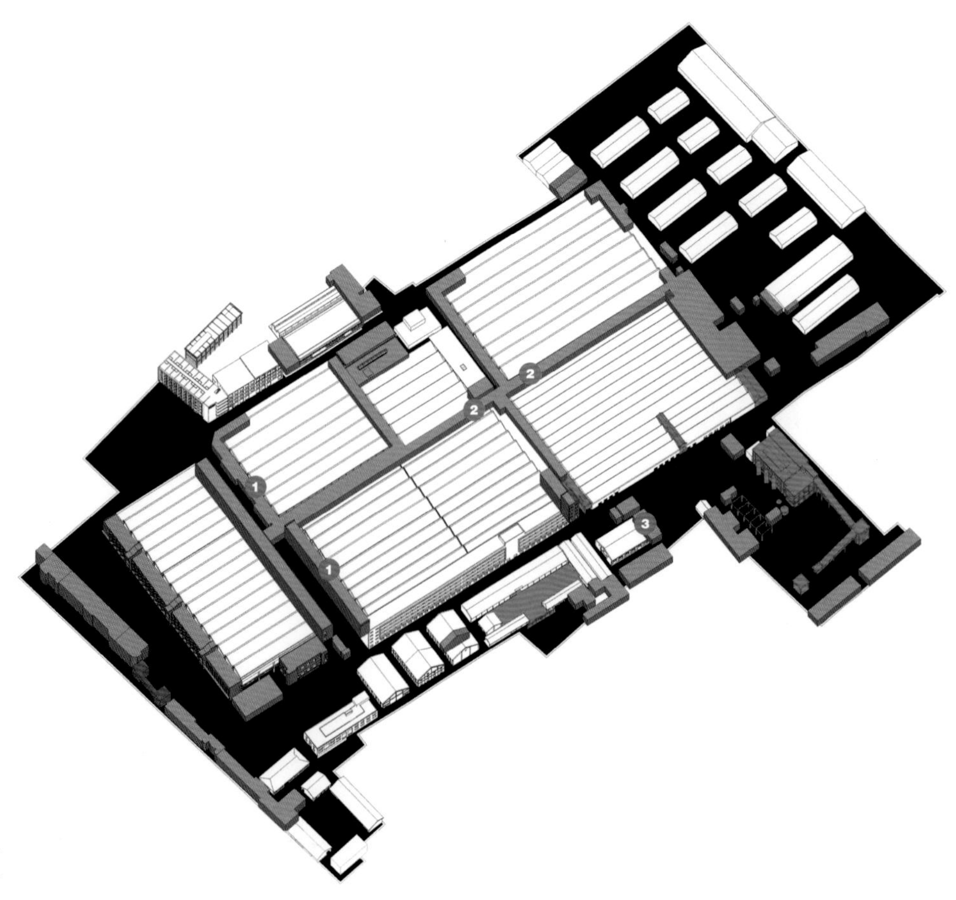

疏解的可能

① 生产厂房周边的单层或多层的生产辅房，空间封闭，使用灵活性也较差

② 生产厂区中部设有衔接各车间的室内生产通道，空间狭长且较为封闭

③ 生产厂区内在不同时期增建或搭建小型配套用房，建筑质量一般，并且局部空间拥塞

城市街区的形成

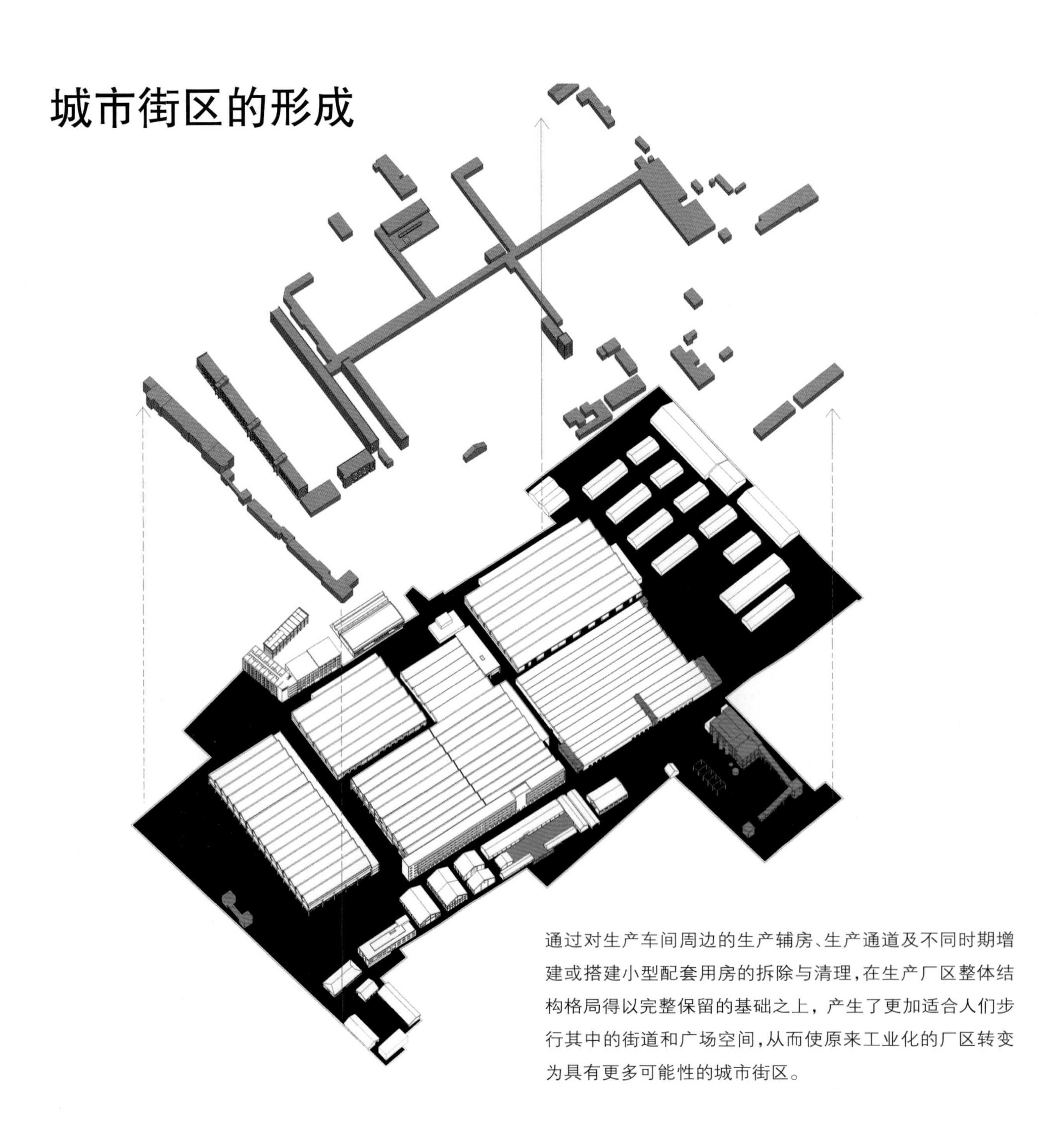

通过对生产车间周边的生产辅房、生产通道及不同时期增建或搭建小型配套用房的拆除与清理，在生产厂区整体结构格局得以完整保留的基础之上，产生了更加适合人们步行其中的街道和广场空间，从而使原来工业化的厂区转变为具有更多可能性的城市街区。

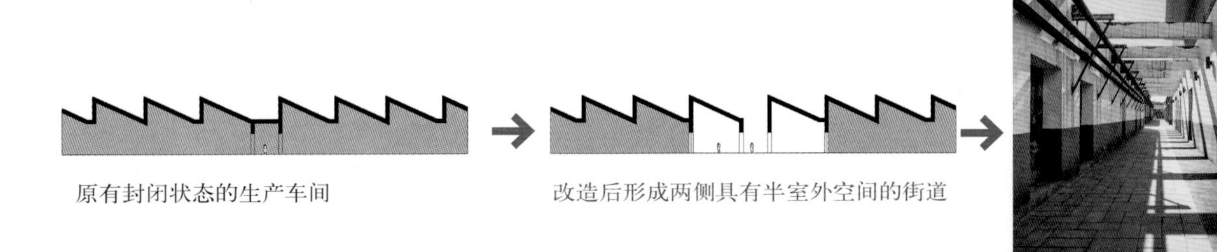

原有封闭状态的生产车间

改造后形成两侧具有半室外空间的街道

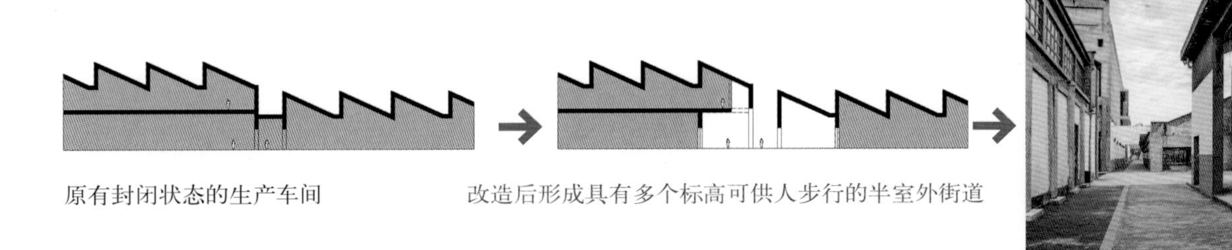

原有封闭状态的生产车间

改造后形成具有多个标高可供人步行的半室外街道

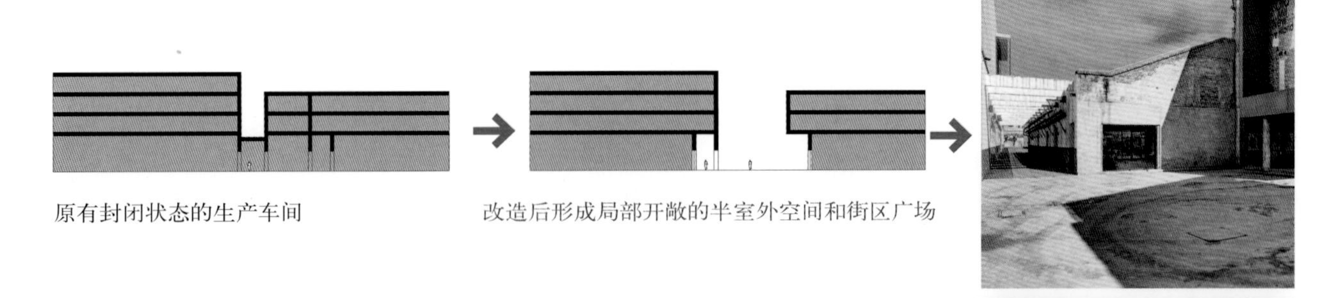

原有封闭状态的生产车间

改造后形成局部开敞的半室外空间和街区广场

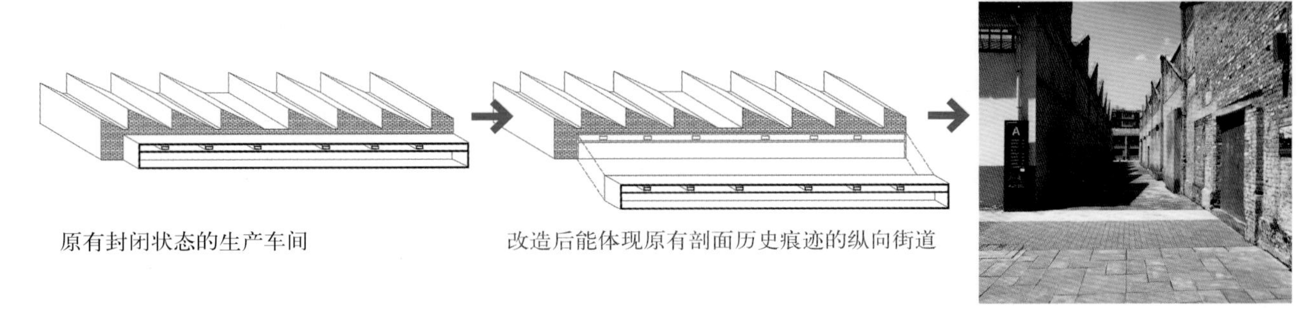

原有封闭状态的生产车间

改造后能体现原有剖面历史痕迹的纵向街道

适当调整原有建筑格局，打开部分结构，在建筑的内部形成新的室内街道和具有城市特征的公共空间节点，与这些空间相对应，设置了带格栅的采光屋顶系统，以提供更好的采光环境，并提示出所覆盖位置相似的公共属性。

公共空间与屋顶

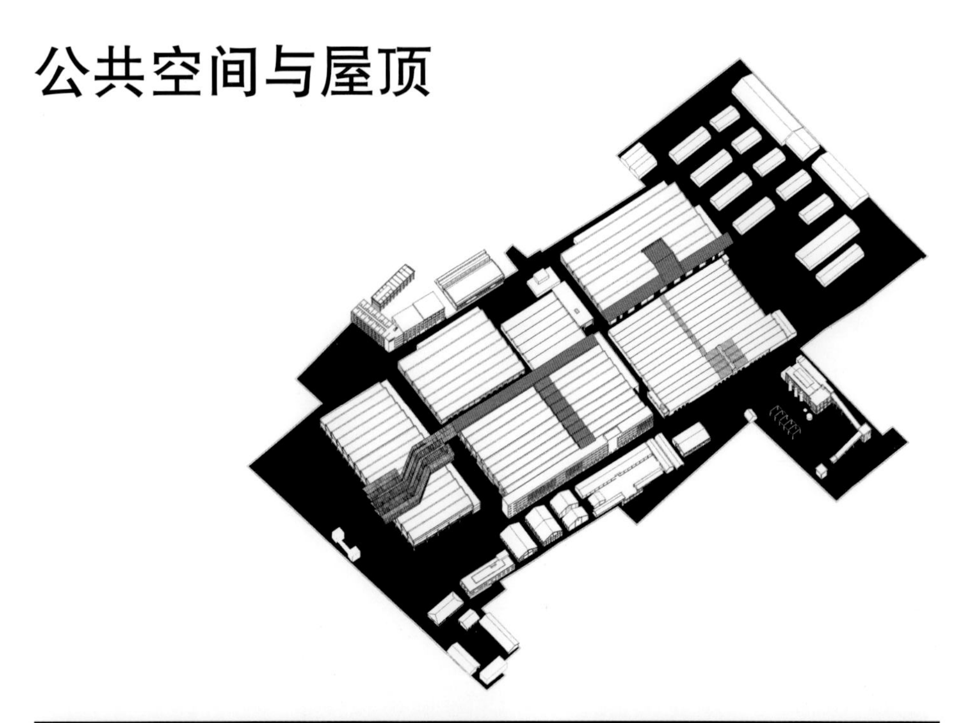

访谈一

简单建设 优质生活

王西京 西安市政府副秘书长

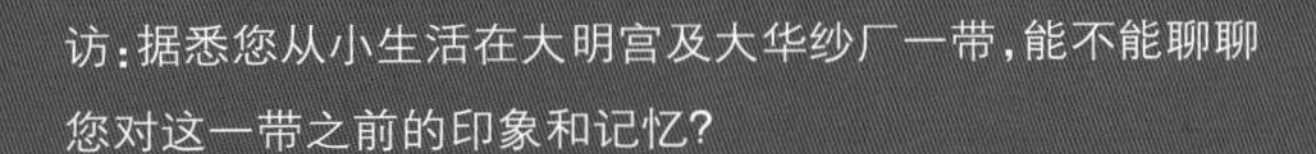

访：据悉您从小生活在大明宫及大华纱厂一带，能不能聊聊您对这一带之前的印象和记忆？

谈：我从小就住在大华纱厂附近，之后在太华路小学以及纱厂对面的三十八中上学。小时候对这一带的印象，是传统的街巷，还有周围的铁路、农田和工厂等。当时，我的同学有自强路的农民，大华纱厂和铁路上的子弟。因为陇海铁路以北这个片区(西安的道北地区)当时是欠发达地区，所以当时谁家有人在“陕棉十一厂”这样的国营大厂工作是非常荣耀和自豪的。习总书记提出：“我们要看得见山、望得见水，记得住乡愁”，通过儿时的经历，我觉得工业建筑、城市里的文物建筑和民居都是我们小时候所处的环境，是城市人的乡愁。如果全都都拆掉了，即使有照片来回忆过去，人们依然很难再去联想了。人是历史中的一部分，尊重前面的历史才能知道今后该怎么做。

访：接着这个问题，请您继续谈谈大华纱厂对于当时西安的影响力？

谈：大华纱厂在西安工业发展、纺织行业中具有非常重要的地位。大华纱厂建于陇海线开通之后，是西安最早的纱厂之一，也是西安近现代历史很重要的工厂之一。由于它处在大明宫遗址东侧缓冲区范围之内，在后来的城市建设中拆掉也不能盖房子。所以政府认真考虑了大华纱厂的历史及其所处的位置，就决定予以保留了。

访：那是什么原因让您对西安的旧工业建筑开始关注，以及后来是如何介入到西安大华纱厂的研究工作的？

谈：工业建筑列为保护遗产这件事其实与城市里的各种保护是有关联的，因为保护是全方位的。作为从小在西安居住的人，去城墙游逛，到碑林去拓碑帖等，这些体验和文化熏陶，使我一直对历史遗存很有感情。后来我在天津大学学习建筑学，研究生阶段学习中国古建筑，让我觉得城市保护是我份内的、必须做的事情。而对工业建筑的关注，是后来到大明宫地区工作以后才逐步关注的，并开始了很多对保护原则的研究以及对工业建筑保护利用的思考。

大华纱厂改造之前，东郊纺织城也有艺术家自己去参与的改造。但基本上是按照艺术家自己意愿进行的，有的已经改造得面目全非，对改造的原则研究并不够。大约在2009年，我在西安交通大学建筑学院代课，当时就把大华纱厂的改造利用作为学校毕业设计的课题。同时我带研究生系统地做了全市工业建筑的调查工作，我们利用当时的调研成果出版了《西安工业建筑遗产保护与再利用研究》一书。

我也关注到，很多建成不到30年就被拆除的工业建筑，结构等条件依然非常好，拆除了十分可惜。非重型制造以及对周边并无太大影响的工业企业搬迁，会给交通等方面带来了很多不便，并将一些经济代价转嫁给了企业，这些事情与城市规划变迁史是有联系的，随着城市的发展也是不可避免的，但是这种城市功能的变迁是否必要也是需要思考的。

访：您曾经对大华纱厂的改造及设计提出过很多宝贵的意见，也想请您谈谈对于大华纱厂改造的评价，以及今后使用过程中的建议和意见？

谈：我现在来大华纱厂的次数很多，可以看到这里的人气越来越高，说明大家对现在这个地方还是非常认可的。前年的时候，研究工业遗产保护的代表们来大华纱厂开会，都觉得这个改造项目是很成功的。因为崔愷院士和他的设计团队在一开始就把握住了改造的原则，让工业建筑本身尽可能多地保留并展示其自己的风貌，同时又对重点的位置作了强调；例如沿太华路侧，为了给城市呈现出整体的形象，利用原有建筑做了改造，并增添了相关联的建筑语言；内部东西向主街上处理策略也是很好的，该改造的改造，该保留的保留。这种处理的方式比最初的方案显得更有取舍。总体来说，他们的思考是非常全面和到位的；同时与之相匹配的景观设计也能按照同样的原则进行，和建筑本身很吻合。建筑师常常倾向于用一些新的语言来表达创新，但我认为对工业建筑的改造其实并不同于在一块空地上做设计，可以添加一些新的建筑语言，但是设计之中还是应该更多考虑利用原有建筑本身作出表达。

关于大华纱厂未来的使用方面，设计团队作了充分的研究，设计意图也都基本实现了，后期管理方应该尊重设计师的成果。我们现在看到的大华纱厂是经过很多人的共同讨论和努力才得以实现的，因此外部形象与空间场所，环境设计，包括内部的空间、半室外空间及院落都是经过认真考虑的，入驻的使用方可能会占用起来以扩大面积，这种情况是不可取的，需要进行严格的控制，要保证原有的设计意图得到维持和延续。

访：通过大华纱厂改造项目，您对于如何原有工业遗产的重新利用又有了哪些更进一步的认识或者说是认识上的转变？您对本地旧工业建筑的改造和再利用能够更好开展有怎样的期许和愿景？

谈：大华纱厂的改造，提示我们做工业遗产保护项目最重要的是把工业遗产的定性准确，要认真分析工业遗产的哪些部分是一定不能改变的，然后再看设计如何切入进来。大华纱厂是一个成功的案例，但是国内的很多相似项目却存在大量的过度设计，加入了设计师太过个人的想法。当然，不仅仅是建筑设计领域，很多市政建设上也是如此，本来很简单就能解决的问题，往往最后却处理得过于复杂，过后来看其实并不是很必要。我最近在筹划一篇文章，题目就想叫作“简单建设，优质生活”，就是想说：优质生活不一定通过复杂的手段来做到；很多事情过后总结起来会发现，我们浪费了很多东西——建设浪费了，时间浪费了，财力、物力浪费了，做了很多可以不做的事。我觉得严肃而仔细地去研判做什么，做到什么程度，避免过度设计和建设，这才是最关键的问题。我们的城市已经发展到要花钱买空间的阶段，如何让城市疏密有致，如何让城市真的具有城市应该具有的品质，是未来所有人需要更多思考的问题。

访谈时间 2016年5月

访谈二

被迫的机遇

倪明涛 时任西安曲江大明宫投资集团董事长

访：当时是什么机会使您能够得以接手大华纱厂以及开启改造计划的？

谈：大华纱厂在2008年政策性破产，先后经历了一到两轮的破产处理，它的人员和资产等已经跟纺织集团合并了，但还剩下了原来的生产厂区和上千名的职工，面对如何安排它们的问题，政府也一直没有特别合适的想法。实际上，这个任务是本可以不交给一个做文化产业发展和旧城改造的企业去承担的，但是政府总归觉得这样的企业是有实力、有想法去面对的。于是在这种大背景下，就是把破产后的大华纱厂划拨给了曲江管委会；然后曲江管委会就把它交给了大明宫管委会来承担大华纱厂的改造和破产职工的安置。所以说被迫接手大华纱厂可能更符合当时的情况。然而接手之后，在一次次前去大华纱厂的过程中，在对工厂历史的了解和对职工的访谈后，慢慢的我们对于它进行改造的整个想法也逐渐地产生出来。西安城区的一个区长，他在看完改造后的大华纱厂时说过一句话："当初我们把当作包袱的一个东西交给了曲江，曲江却把它真正的意义挖掘出来了。"可以说大华纱厂的改造是一种被迫的机遇，但却被我们抓住了。

访：那请您谈谈当时对大华纱厂改造的最初设想？以及是如何产生这样的设想的？

谈：我觉得这个话题可以谈的更深入一些。 就大华纱厂来说，刚才已经提到我们其实是被迫接收的。而在此之后，我们不是只关注政府给予的负担和责任，而是努力去发现这个区域的价值，以及这些价值会对我们自身的发展带来什么。以前我们考察过很多破产企业，考察过其他一些旧城改造项目的时候积累的经验和思想的火花，面对这片老厂房一下子就释放了出来。北京、广州和上海的很多改造项目是如何做的值得我们参考，但我们却不想去简单地复制它们的模式和做法。我们意识到在这里，需要更多地去挖掘历史，然后采用不同的改造模式。对于这个改造项目，不仅仅需要有文化和工业建筑的结合，其中也应该可以容纳与之相适合的商业，由此产生让现在和未来的人们在里面生活、休闲并与之能产生共鸣的东西。一个成功的项目没有一定的物质基础和经济支撑是难以为继的，所以我们希望在改造后的大华1935，能够把文化的可能性与活跃的商业有机地结合在一起，来产生更多的可能性和城市活力。我们最终找到了崔愷院士和他的团队进行改造设计的合作；后来我在写给大华纺织工业博物馆的展陈结束语中曾说过：感谢他们把我们开始时很多朦胧的想法变成了现实。

谈：您的设想中，改造后的西安大华纱厂与其西侧的大明宫遗址公园是怎样的一种共生关系？

谈：你所提到的共生关系是很准确的，大明宫地区作为一个整体区域来营造就是要挖掘一个城市的价值，挖掘出这个地块不同于其他地区的更深层次的价值。在过去一长段时间中，很多的城市建设形成了千篇一律的现状，在这种情况下怎么能够使一个区域更有特色，使这个区域的价值成倍的增长和提升是我们一直考虑的问题。因此我们希望能建设出更理想的城市，不仅要有现代化的生活设施，更要能彰显出它从古到今的很多文化内涵。大明宫遗址公园是在以国家为主导的方式下实现的，它主要是保护唐代的历史遗迹，但是中国的历史发展到现在不是仅有唐代的历史，还发生过很多故事，都凝聚在这片土地里面。而就在大明宫遗址公园旁边的大华纱厂，代表了近现代的工业发展以及改革开放中的工业转型等很多的历史价值；它让这个地区具备了不可替代的价值，挖掘出它真正的意义，让这个地方彰显出它的内涵是我们一直追求的。对一个城市区域的整体思考，可以通过大华纱厂的保护和改造把它反映出来。而西安从古代到近代的历史变迁，恰好从大明宫遗址和大华纱厂的共生关系和所凝聚的点点滴滴之中得以体现。

访：大华纱厂改造后与您最初设想是否吻合，是否有觉得意外的方面？

谈：应该说大华纱厂的改造实现了我们当初的设想，甚至在某种程度上超出我们当初的一些想象，尤其是局部细节的处理、新旧建筑材料的组合，以及对原有工业建筑的充分保留和展现方面，都超乎大家的预期。可以说整个改造既实现了我们当初对它的定位，也体现出了改造设计和公众生活的有机结合。

访：您对大华纱厂建成及未来的招商和使用有什么建议和期望？

谈：我们与所有人一起努力完成了阶段性的改造，但是大华纱厂的改造更新其实才迈出第一步，后面更具挑战的是对于整个项目的招商及运营，这可能是需要更长时间的事情，也需要后面更多的人坚持不懈向前努力，并且只有理解大华纱厂真正的意义才能够坚持下去。现在完成的改造只是打造了一个很好的平台，如何把这个平台和里面的内涵更好地延续下去，更需要认真地思考和操作。

访：通过大华纱厂改造项目，您对于如何原有工业遗产的重新利用又有了哪些更进一步的认识或者说是认识上的转变？

谈：重要的工业遗存是所在城市中特殊的历史载体，把它保留和传承下去，首先要我们意识到它本身具有的珍贵价值，并根据他自身的价值发挥它不同的作用。例如大华纱厂、北京的798工厂等，代表了所处时代的建筑特色以及城市发展中的历史和记忆，应该充分地挖掘保护和利用。但是对于其他的一些厂房，随着历史使命的完成，也许是应该随着城市的变迁，给它们的未来规划出更多样的道路。

访谈时间 2016年5月

梭织车间培训班
丙
乙
甲
丁

卷叁 细做

纱厂地图

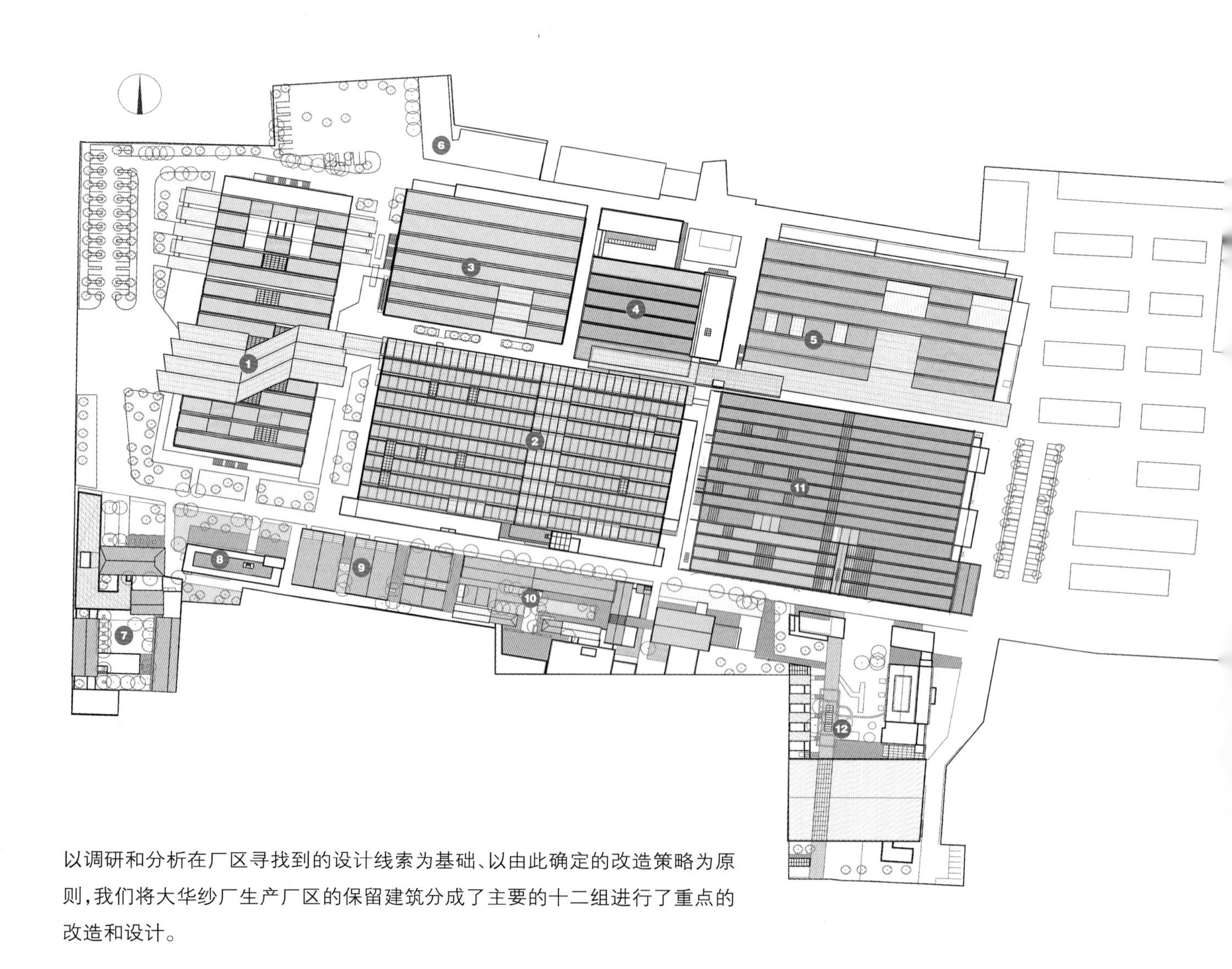

以调研和分析在厂区寻找到的设计线索为基础、以由此确定的改造策略为原则，我们将大华纱厂生产厂区的保留建筑分成了主要的十二组进行了重点的改造和设计。

原建筑名称——改造后的使用功能

1. 一期生产厂房——商业
2. 二期生产厂房——商业
3. 细纱车间——商业
4. 筒并捻及清花车间——创意商业、展厅
5. 新布厂车间——小剧场群落、创意商业
6. 综合办公楼——精品酒店
7. 财务室及老医院——餐饮
8. 冷冻机房——餐饮
9. 东、中、西库房——餐饮
10. 老南门办公区及动力用房——休闲餐饮
11. 老布厂车间——纺织博物馆、创意商业
12. 厂区锅炉房——当代艺术中心

一期生产厂房

原建筑名称： 一期生产厂房

建造年代： 20世纪80年代

建筑面积： 21201平方米（改造前）/17561平方米（改造后）

建筑总高： 16.5米（不包括新增屋顶部分）

建筑层数： 2～4层

结构选型： 大跨度混凝土装配结构（保留）、钢结构（新增）

建筑功能： 生产厂房（改造前）/ 商业（改造后）

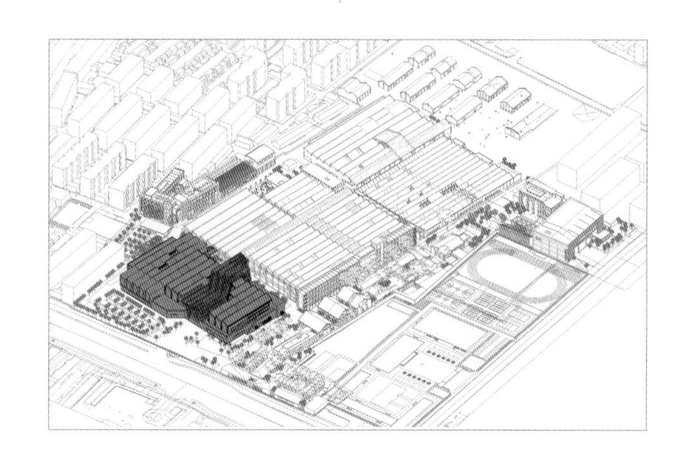

建筑历史沿革

一期生产厂房用地南段旧址为石凤翔公馆。该公馆建于1935年，又称为大公馆，为石凤翔一家初迁西安时住宅。院落坐北朝南，主体建筑为“L”形坡屋顶砖木结构瓦房，中为两米宽走廊，北有二层小楼一栋，以连廊与主建筑相接，民国风格浓厚。新中国成立后，这里曾作为工厂党委、工会办公室。用地北段旧址为兴国里遗址，始建于1936年，位于石凤翔公馆之北，是当时襄理一级(相当于现在的副总经理)的高级职员居住的地方，称为兴国里，取实业兴国之意。新中国成立后，这里曾称为前四村，为大华职工居住区。

1987年，以上两个区域作为危改项目，被整体拆除用于修建新的生产用房。

原石凤翔公馆及兴国里的所在范围

在此用地之上修建的一期生产厂房主体为两层大跨度混凝土预制装配式梁柱建筑，由当时的国家机械工业委员会第七设计研究院设计。车间首层层高为6.9米，其中含层高为2.2米的设备管道夹层，沿东西方向上布置有与夹层等高的混凝土桁架式楼层梁；建成后，厂房一层作为前纺车间使用，二层则作为细纱车间使用。

一期生产厂房建设时的图片资料

一期生产厂房原貌

西侧面向大华南路的四层生产辅房，其外立面设计采用了竖向锯齿形的外墙形式，外窗朝向西南侧，以避免阳光直射；楼梯间立面采用镂空花格外墙，局部采用橘黄色瓷砖装饰。

厂房主体周边生产辅房的功能均为各相关配套生产班组办公、设备及辅助用房；其内部空间较为狭窄，开窗面积也普遍较小。

厂房主体采用了纺织车间最具代表性的联排锯齿形屋顶，这种屋顶形式具有很强的方向性，并且呈现出极具有韵律感的侧立面轮廓。

二层车间室内沿东西方向布置有混凝土箱形主梁，主梁下净高4.2米，主梁上采用预制混凝土折形次梁，并设置朝北向的高侧窗，以提供稳定的室内采光；一层、二层空间较为宽敞、连续，其室内均有利用箱型主梁或管道夹层所设置的送风系统。

改造中增加的建筑元素

1. 折板形金属格栅采光屋面及连桥
2. 联排单坡屋面单元体
3. 西侧沿街商业
4. 南侧商业体量及室外公共楼梯
5. 印刷玻璃垂直交通
6. 东侧商业
7. 室外平台及公共楼梯
8. 室外公共楼梯及金属网围合形体

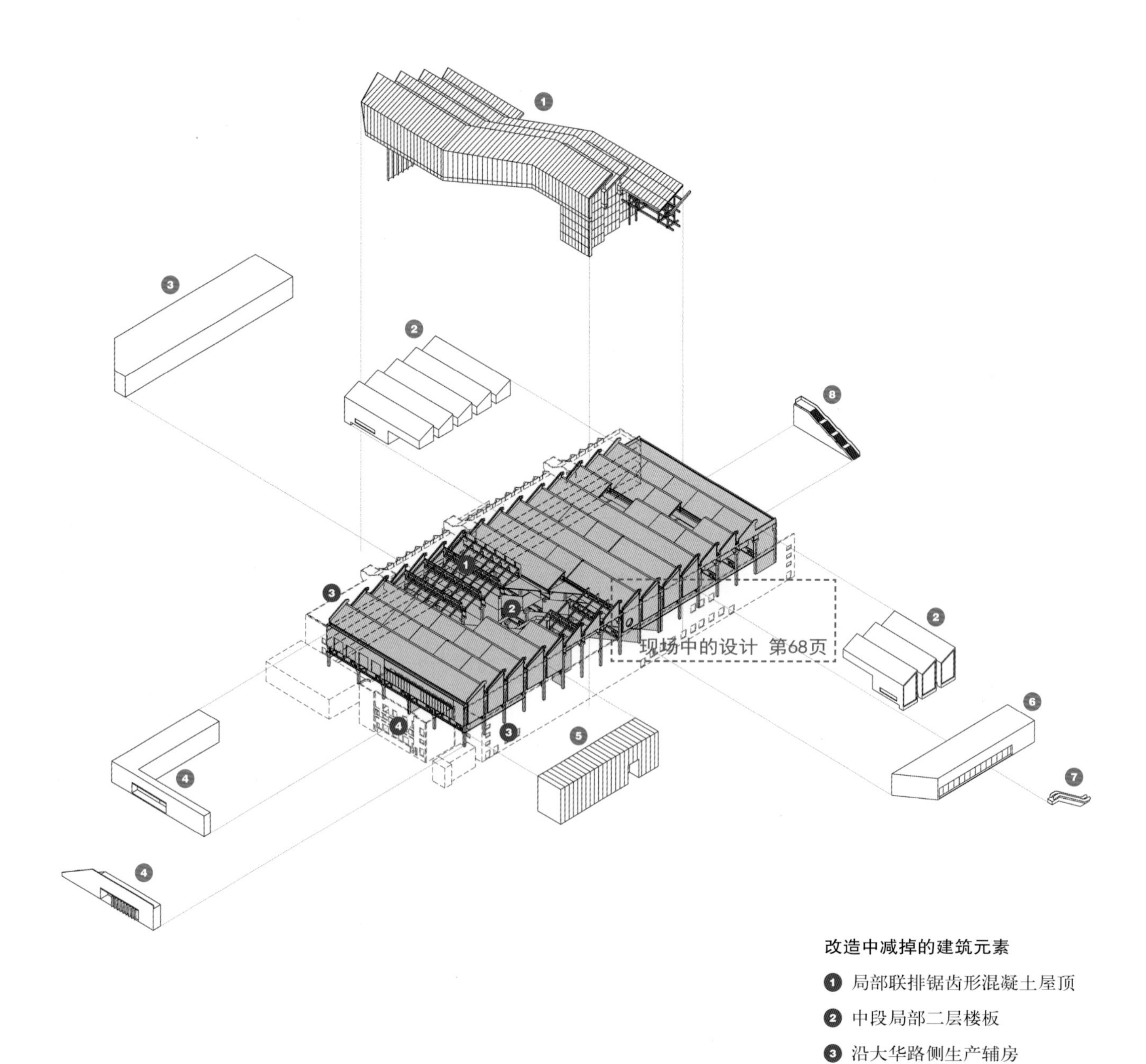

改造中减掉的建筑元素

1. 局部联排锯齿形混凝土屋顶
2. 中段局部二层楼板
3. 沿大华路侧生产辅房
4. 东侧生产辅房
5. 南侧配套变配电站

改造后一期生产车间实景

❶ 折转的双层格栅采光屋面系统

❷ 改造后的通高公共节点

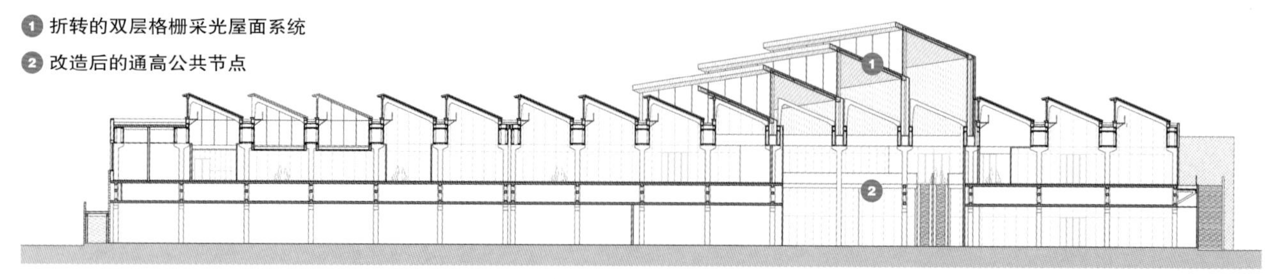

改造后一期生产车间剖面图

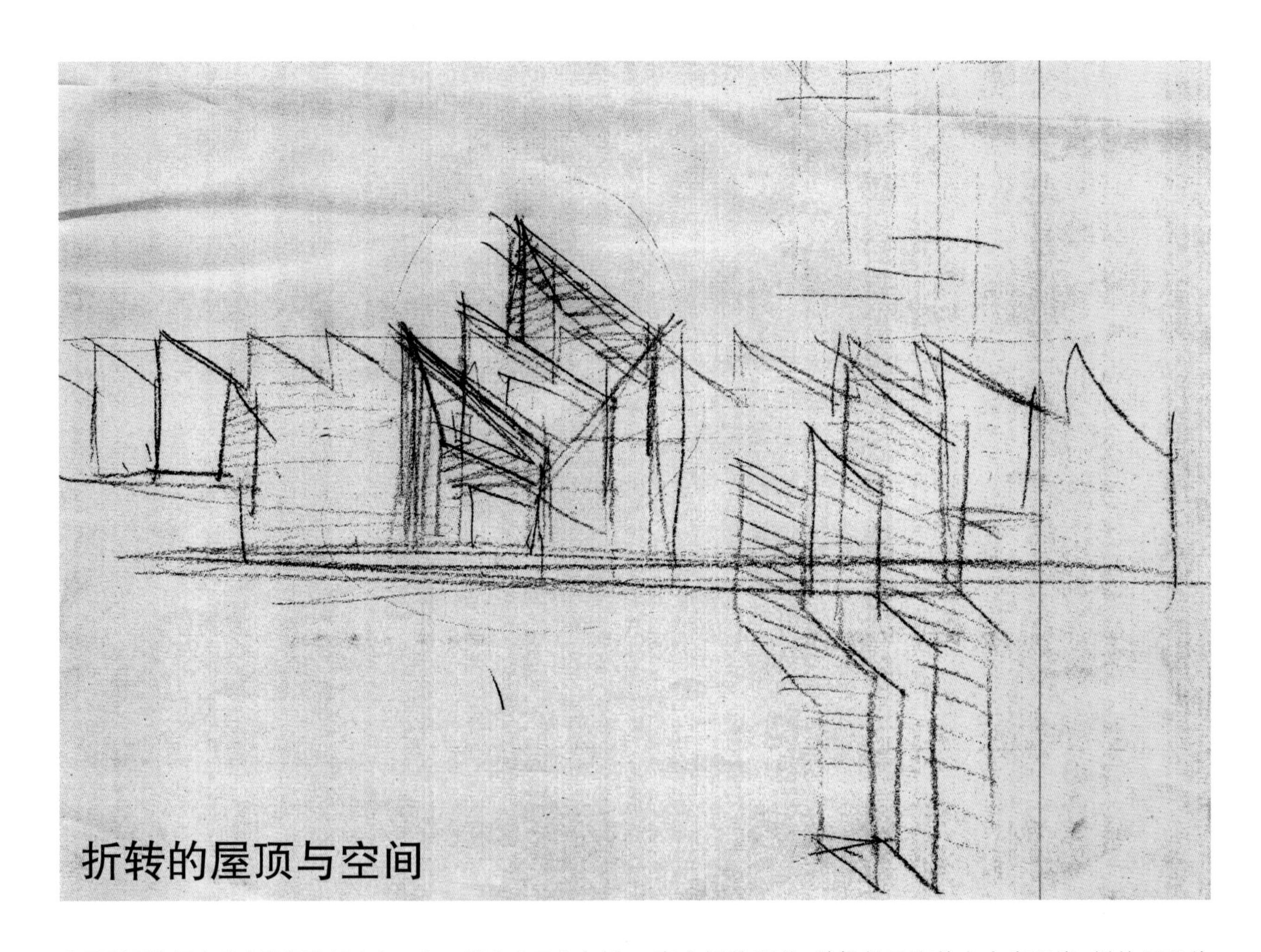

折转的屋顶与空间

为了联系位于太华南路侧的城市入口与一期生产厂房东侧改造后形成的内部商业主街，改造中拆除了生产车间中段的部分楼板和少量梁柱结构，以形成通高的公共节点；在这个空间中，结合保留的结构，设置可供人们通过或停留的过廊、连桥和平台，提供未来作为商业空间时所需要的“看”与“被看”的视觉可能。

对应这个区域的原有屋顶结构和屋面也予以拆除。通过新增的钢梁及双层格栅采光屋顶体系，实现对这一通高空间的覆盖，并提供柔和的室内光环境。新的屋顶体系采用与原有屋顶坡度相同的单坡折板形式，并成组布置。该公共节点所衔接的城市广场和内部主街位置有所错动，因此该空间也形成了自然的折转；屋顶系统与此处的平面轮廓相一致，产生出同样的变化。这种空间和屋面的对应关系，可以让人们身在其中的时候，获得明确的方向性；并同时体验到工业厂房的韵律与路径的变化共同作用所产生的反差和张力。

由内而外的变化

与通高空间相对应的折转屋顶，通过自身形式、坡顶方向与原有屋面元素取得设计上的联系。东北、西北侧二层以上增建部分，采用与原厂房典型剖面形式相仿的单元体成组排列，用类型化的方法延续原有建筑单元化特征的同时，结合其功能采用金属板外墙来形成材质上的区别。它们与拆除生产辅房所呈现出的有韵律的、连续的锯齿形屋顶剖面轮廓相结合，共同生成改造后的建筑立面。这种由内而外的变化，在保留原有工业建筑自身特色的基础上，也呈现出作为未来城市商业综合体所应具有的标志性与丰富性。

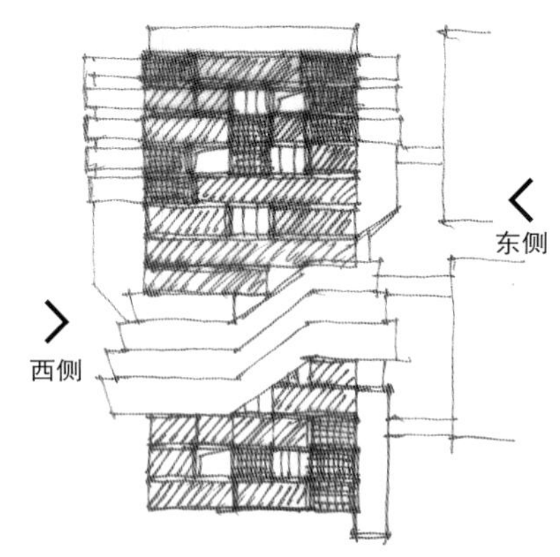

建筑东侧指向主街、西侧面向城市

1 与二期生产厂房相接的空中连桥
2 不远处的大明宫丹凤门

与原有联排锯齿形屋顶剖面轮廓相关联的立面构成

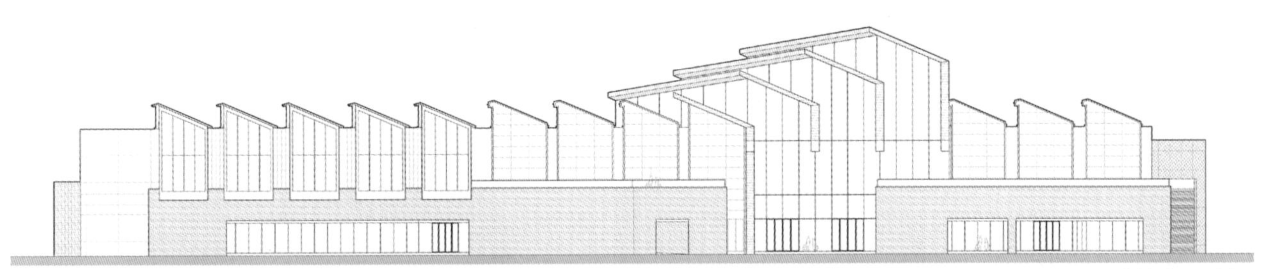

改造后沿西侧太华路立面图

转折的屋面系统在西侧(城市侧)以悬挑的形式，形成与城市尺度相称的半室外入口空间(左下图)；在东侧(内街侧)与新建的半室外连桥相结合，提示出公共空间和步行系统的延续(右下图)。

现场中的设计

改造中一期生产车间东辅房拆除后，原车间内墙上的大型通风洞口就暴露在建筑的外侧。在现场工地配合的过程，我们发现其中的一个洞口正对原生产通道位置上改造形成的内部主街，是一个位置绝佳的圆形景窗。根据这个现场的新发现，我们迅速与甲方取得联系并获得支持，将已经被施工方按最初设计封堵的这一洞口，重新保留了下来。由此修改，让人们收获了这个有趣的观察视点，让内部的主街得到了一个具有识别性的对景洞口，也让改造后的立面上产生出了更生动的变化。

作为对景的圆洞

作为改造后内部主街的圆形对景洞口

大华1935

013年西北首家工业遗产保护项目"大华1935"落成

二期生产厂房

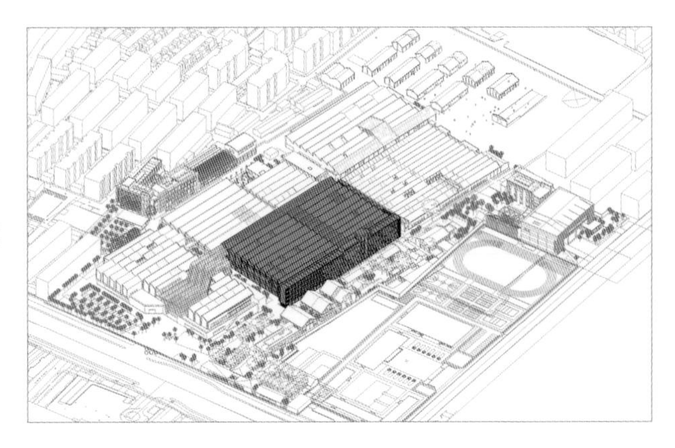

原建筑名称：二期生产厂房

建造年代：20世纪90年代

建筑面积： 26464.3平方米（改造前）/ 21057.1平方米（改造后）

建筑总高：18.4米

建筑层数：2～5层

结构选型：大跨度混凝土装配结构（保留）、钢结构（新增）

建筑功能：生产厂房（改造前）/商业（改造后）

建筑历史沿革

二期生产厂房建设前的纺织车间图片资料

二期生产厂房用地原址为大华纱厂最早的纺纱车间，始建于1935年，采用了单层锯齿形钢结构梁架；1951年大华纱厂公私合营后，整个建筑向西扩建，车间分为三部分用途：北为梳棉间，中为并粗间，南为细纱间。1994年二期生产厂房危房改造时，此用地范围内的老车间全部拆除，在原址上改建为混凝土预制装配式梁柱厂房，由陕西省纺织工业设计院设计；建筑主体部分为两层，其中一层为清花车间和新组装的喷织车间；二层为整理车间。

二期生产厂房改造前摆满纺织设备的室内状态

二期生产厂房原貌

二期生产厂房由东西两侧生产辅房、南侧生产辅房和主体生产车间组成。外侧生产辅房均采用平屋顶；内部的车间主体采用联排锯齿形屋顶。

南侧生产辅房为五层框架结构建筑，其立面开窗较为规则，结合窗口设有水平向的通长带状披檐；外墙采用混凝土水泥墙面；整个立面朴素简洁，反映了所处时代的建筑特色。

东西两侧生产辅房原功能主要为除尘、空调、打包等工艺配套用房；南侧生产辅房原功能主要为相关生产班组办公室、会议室各保障部门用房；生产辅房空间尺寸均较为狭小。

主体生产车间首层层高为7.1米，沿南北方向上布置有预制装配式混凝土主梁；二层沿东西方向上布置有混凝土箱形主梁(兼作风道梁)，主梁下净高4.5米，主梁上采用预制混凝土折形次梁，并设置朝北向的侧天窗，侧天窗底部设置检修用金属马道。

改造中增加的建筑元素

1. 金属格栅采光屋面
2. 联排单坡屋面单元体
3. 楼梯间端部竖向金属格栅
4. 外窗金属格栅
5. 南立面水平金属格栅
6. 印刷玻璃观景区体量
7. 儿童活动功能体
8. 悬挑的北侧观景单元体

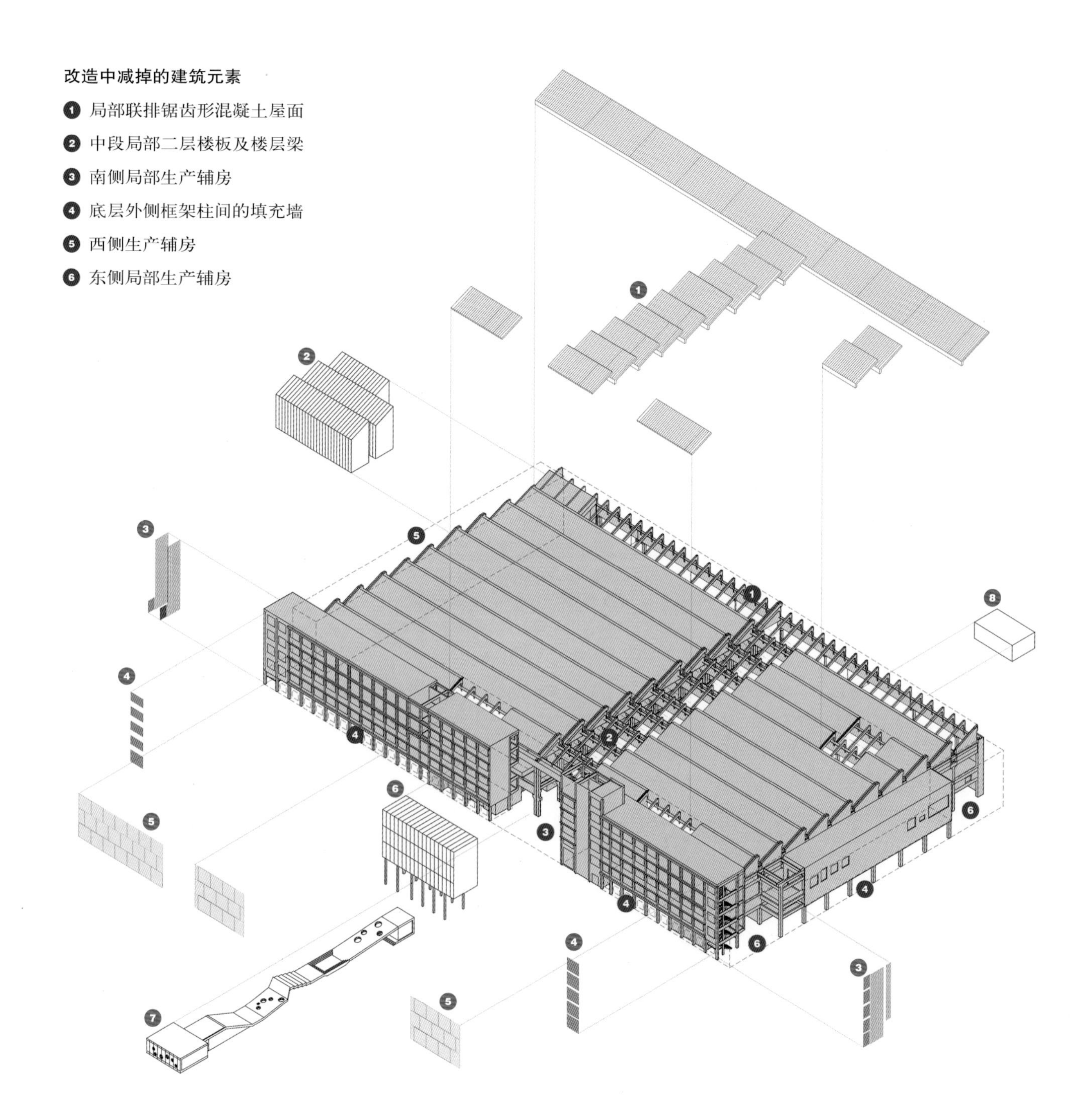
改造中减掉的建筑元素
1 局部联排锯齿形混凝土屋面
2 中段局部二层楼板及楼层梁
3 南侧局部生产辅房
4 底层外侧框架柱间的填充墙
5 西侧生产辅房
6 东侧局部生产辅房
1
2
3
4
5
6
7
8

利用生产车间中段面宽尺寸较大的一跨柱网，局部拆除二层楼板，并结合未来商业功能设置具有连续界面的形体及活动场地，使这里成为具备时尚秀场、儿童活动等多种使用可能的通高空间，同时也作为沟通南北两侧街道的步行路径。

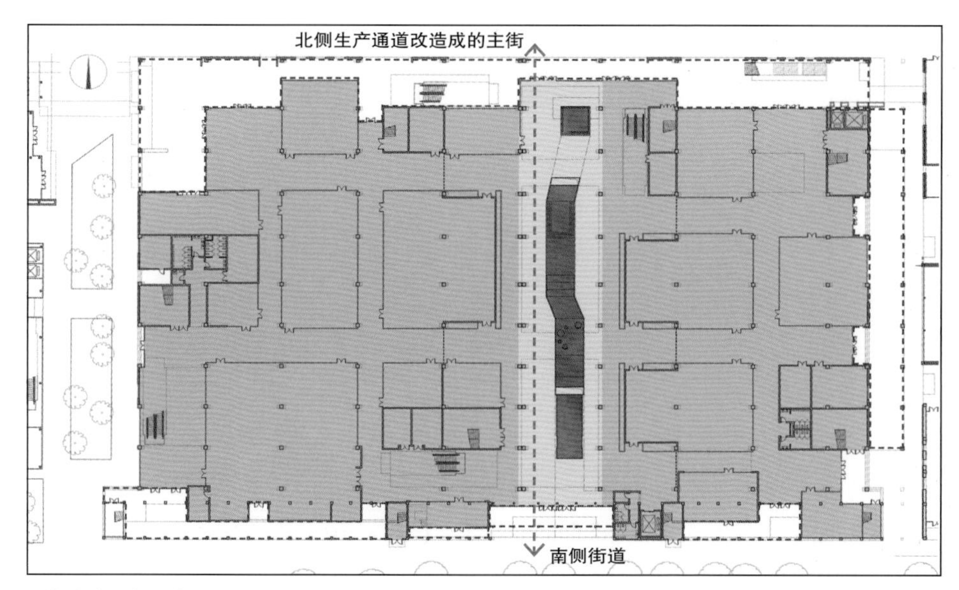

二期生产厂房改造后首层平面图

公众的半室外街道 第86页

沟通两侧街道的步行路径

沟通两侧街道的空间与路径

南侧立面的构成关系

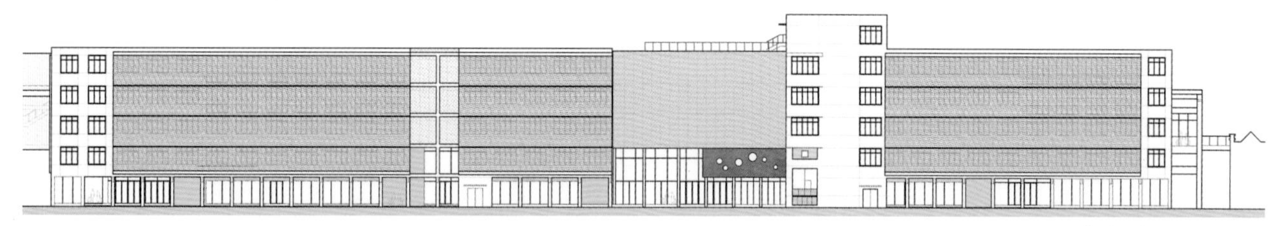

改造后沿南侧街道立面图

二期生产厂房南侧辅房中段对应南北向公共空间部分，局部拆除原有结构，并根据需要重新设置柱网，形成具有城市尺度的南侧入口空间及其上部作为观景休息区的玻璃连接体。对室内公共空间平面位置的确定，还考虑到了其与南侧老南门办公区及历史院落的对位关系，因此对应生成的局部建筑界面及形体，也体现出与历史建筑空间元素的对话与互动。在南侧辅房其余保留的外立面设置水平向木色金属格栅，在提供遮阳作用的基础上，从质感及颜色方面为原有混凝土墙面增加新的层次。改造后沿南侧街道立面，既保留了原有建筑的总体特征、材质及细部；又使本来较为单一和均质化的建筑面貌，形成虚实变化与对比，并从外观上提示出新的使用功能和平面关系。

改造后的南侧局部建筑界面与老南门办公区及历史庭院的对话与互动

公众的半室外街道

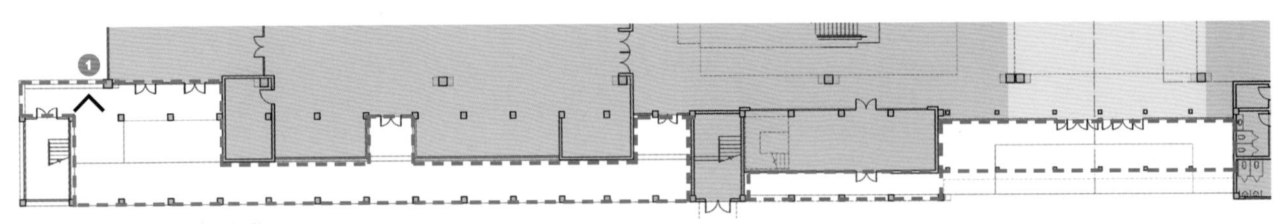

首层南侧的主要半室外空间范围

在二期生产厂房南侧及东侧生产辅房的首层，拆除外侧框架柱间的填充墙，形成相对连续的半室外空间；在厂房北侧的首层也将改造后的使用界面与原有外墙退后一定距离，形成具有变化的半室外通廊、广场等空间。这些从室外到室内的过渡空间，既加强了首层功能对外的联系，增加了未来商业的展示界面，同时还转变为可供公众停留和活动的半室外街道。

视点1实景

视点 2 实景

视点 3 实景

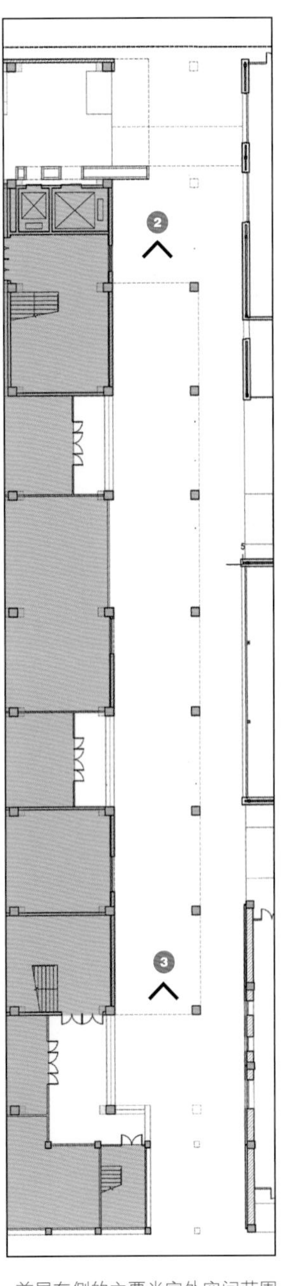

首层东侧的主要半室外空间范围

现场中的设计

最初的改造设计方案，将二期生产厂房北侧的室内生产通道整体拆除，以形成横贯东西的内部主街。在现场施工配合的过程中，我们发现该通道屋顶梁架南侧固定端均与建筑北侧墙体砌筑在一起，如硬性拆除会大面积破坏北侧墙体。为了最大限度保留原有墙面及生产通道曾经存留过的痕迹和空间意象，与甲方商议后决定只拆除生产通道屋顶板，保留所有梁架及原有管道；并调整通道两侧建筑墙体新设洞口，以避开屋顶梁架，确保结构安全性。

拆除前生产通道平屋顶

拆除前生产通道内景

拆除屋顶板，保留梁架及管道

避开保留梁架，两侧墙体重设洞口

留存过去痕迹的主街

改造后留存过去痕迹和空间意象的内部主街

KUANG HOTPOT
旷火锅西安旗舰店

A
小剧场群 C01
综合商业区 A01
综合商业区 A02
特色餐饮区 B区
大华精品酒店 D区
博物馆 C02
艺术中心 C03

安全第一预防为主文明生产

筒并捻车间

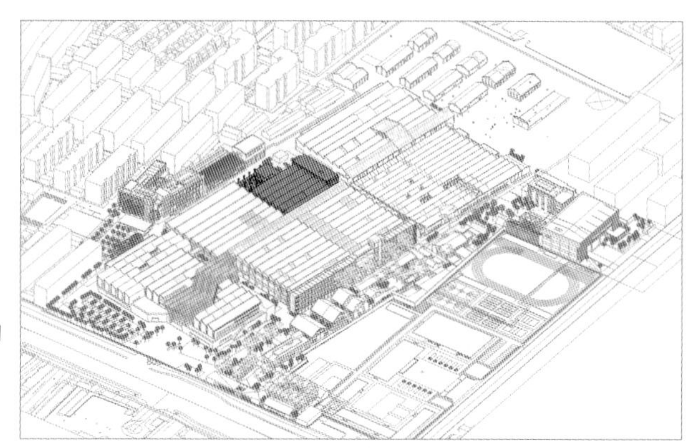

原建筑名称： 筒并捻车间（曾长期作为清花车间）

建造年代： 20世纪30年代（筒并捻主体），其他为50年代后建

建筑面积： 4437平方米（改造前）/ 3816平方米（改造后）

建筑总高： 10.2米

建筑层数： 1～3层

结构选型： 钢结构（保留）、混凝土框架结构（保留）钢结构（新增）

建筑功能： 生产厂房（改造前）/ 创意商业、展厅（改造后）

建筑历史沿革

筒并捻车间(历史上长期作为清花车间)始建于1935年，为大华纱厂仅存的两栋建于20世纪30年代老厂房之一。1934年筹建购地时颇费周折购买的蔡雄亭家的地，就在车间所处的位置。其生产车间的钢结构均为30年代建造时原构，具有很高的历史价值。

1995年清花车间搬至新厂房后，这里改作筒并捻车间，20世纪90年代引进的村田自动络筒机就安装在该厂房。

筒并捻车间历史图片资料

筒并捻车间原貌

东侧生产辅房为20世纪50年代修建的三层混凝土框架结构建筑，是为筒并捻车间提供空调、除尘等工艺的配套用房。建筑外墙以红色砖墙及混凝土抹灰为主。

车间北侧的生产辅房为20世纪50年代后陆续增建的单层及局部二层厂房，结构形式以混凝土框架结构为主。其中与筒并捻车间相连的一跨，屋顶形式及空间类型与主体车间单元相似。

主体生产车间结构柱采用工字钢柱，沿南北方向设置连续的锯齿形钢屋架，整个结构体现了20世纪30年代修建时特有的结构美感。屋架底标高为3.6米，屋架以上采用联排锯齿形屋顶，并设置朝北向的通长侧天窗，结合钢柱均设有手摇式开窗器；钢屋架范围内装有东西向通长的金属风道。主要屋面做法为木望板外挂机制平瓦。

改造中增加的建筑元素

1. 半室外空间的采光屋面
2. 面向南侧广场的金属单元体
3. 半室外空间内的玻璃幕墙
4. 北侧广场的单层金属板建筑体
5. 柱子外侧适合植物攀爬的金属网
6. 保留楼梯的金属网栏板及形体

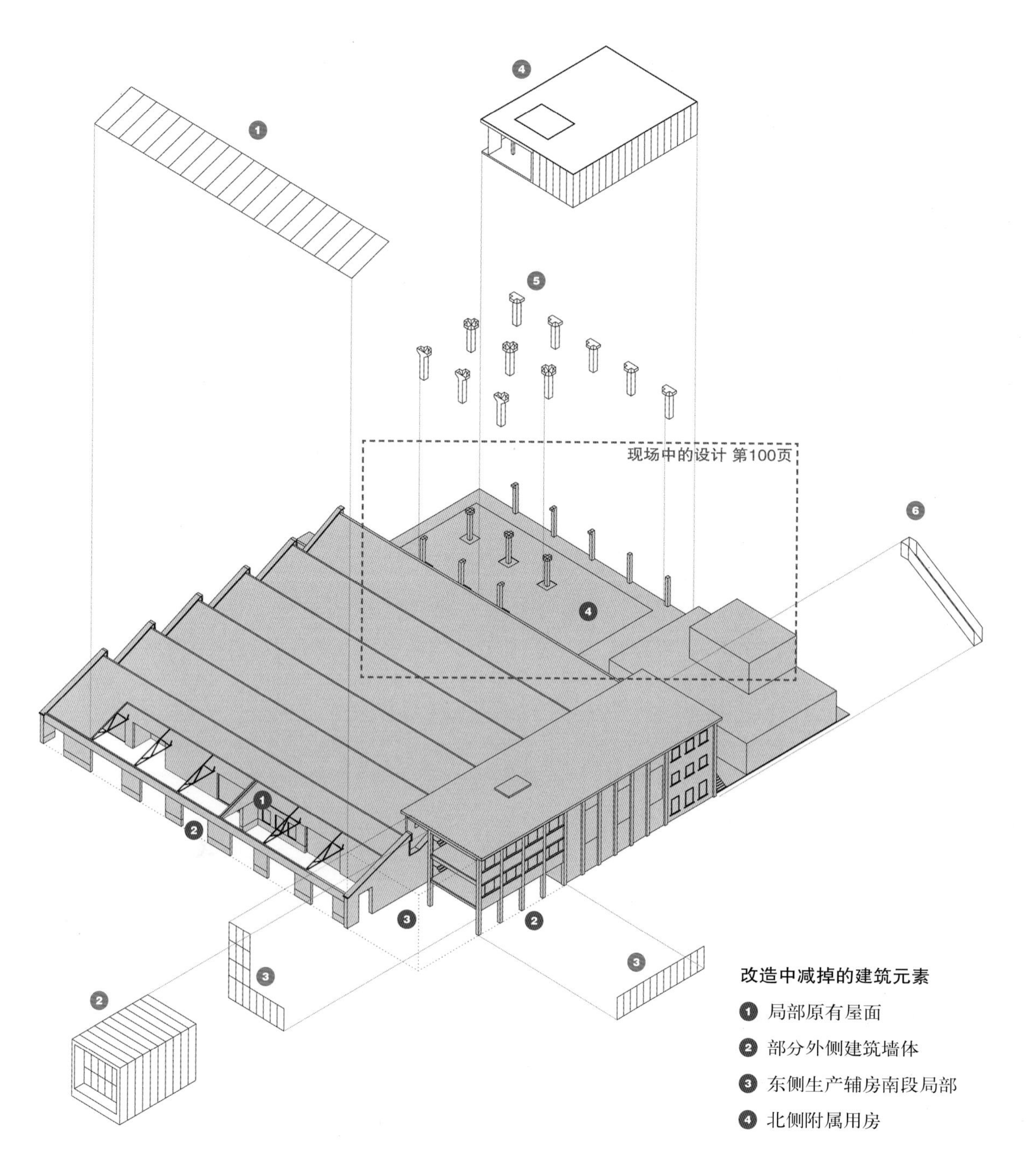

1
4
5
现场中的设计 第100页
6
4
1
2
3
2
3
3
2
改造中减掉的建筑元素
1 局部原有屋面
2 部分外侧建筑墙体
3 东侧生产辅房南段局部
4 北侧附属用房

❶ 新布厂车间
❷ 改造前的筒并捻车间
❸ 二期生产厂房
❹ 细纱车间

改造中筒并捻车间北侧生产辅房主体拆除后的状态

现场中的设计

在最初的改造设计方案中，主要以对筒并捻车间及其生产辅房尽可能完整的保留为主。在现场施工地配合的过程中，我们发现北侧生产辅房的结构安全远低于预期，如进行加固成本也较高。与甲方讨论后，决定只保留北侧生产辅房的结构柱，局部增加单层用房及功能体，在此位置围合出带有柱子的广场，既在场地上保留原址建筑的痕迹，又在相对密集的厂区建筑之间形成尺度适宜的室外活动空间。

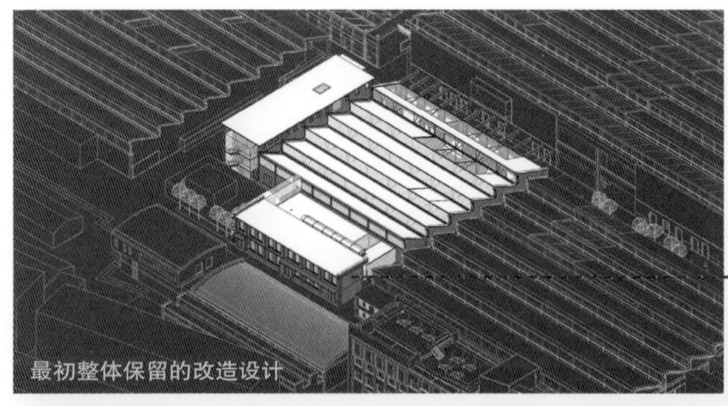
最初整体保留的改造设计

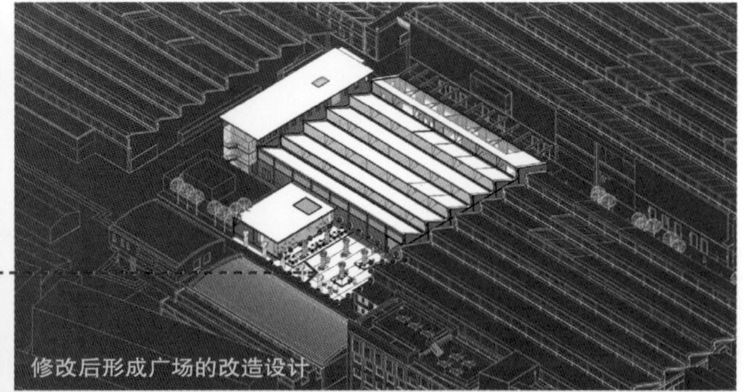
修改后形成广场的改造设计

带柱子的广场
改造后带有原址建筑结构柱的广场空间

保留的建筑结构柱与金属网相结合形成便于植物攀爬的景观元素

Old
Mill
New
World
大华'1935

A
POLICE

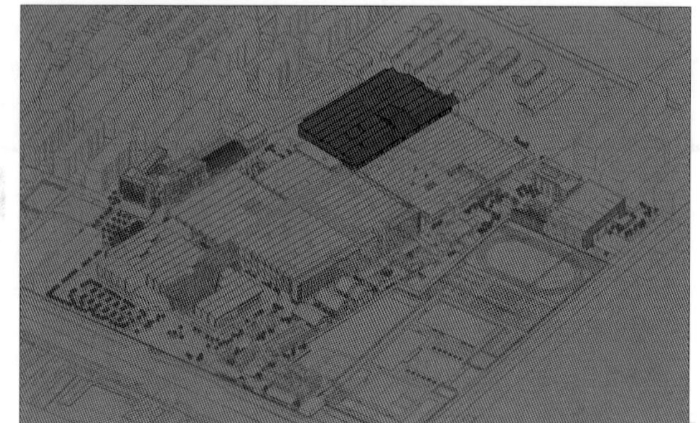

新布厂车间

原建筑名称： 新布厂车间（又称织布车间）

建造年代： 20世纪70年代

建筑面积： 9366平方米（改造前）/ 8839平方米（改造后）

建筑总高： 10.8米（不包括公共节点新增屋顶部分）

建筑层数： 1～2层

结构选型： 大跨度混凝土框架结构（保留）、砖混结构（保留）、钢结构（新增）

建筑功能： 生产厂房（改造前）/ 室外表演场、室内剧场及多功能厅、创意商业（改造后）

建筑历史沿革

新布厂车间所在范围，在1935年建厂时还是空地。1979年，大华纱厂作为外贸出口产品定点生产基地，在陕西省工业品出口公司协助下，在此扩建新织布车间，增装国产1515M型63寸宽幅布机440台。

该车间由当时的陕西省第一建筑设计院设计，纱厂修建科组织施工建设。主体厂房采用了单层混凝土梁柱结构，面宽方向结柱间跨度17.7米，是当时国内少有的大跨度纺织工业建筑。

织布车间

新布厂车间(织布车间)

新布厂车间原貌

新布厂车间由生产辅房和主体生产车间组成。东西两侧生产辅房的功能主要为除尘、空调、维修保养等工艺配套用房；北侧生产辅房的功能主要为生产班组、会议室等生产辅房均采用单层或两层的砖混结构，内部空间较为封闭狭小，外墙以红色砖墙为主。

主体生产车间沿东西方向上布置有混凝土箱形主梁(兼作风道梁)，主梁下净高3.8米；主梁上采用预制混凝土折形次梁，并设置朝北向的通长侧天窗；侧天窗底部室内侧原结构上设有混凝土薄板马道，用于上人维修清洗。生产车间地面下均匀布置有供生产使用的设备地沟。车间两侧锯齿状山墙以红色砖墙为主。

改造中增加的建筑元素

1. 金属格栅采光屋面
2. 双坡金属格栅屋顶及公共表演场
3. 西山墙侧商业入口及展示橱窗
4. 玻璃体商业空间
5. 半室外连桥
6. 小剧场售票及信息中心
7. 1、2号小剧场观众厅
8. 设备机房

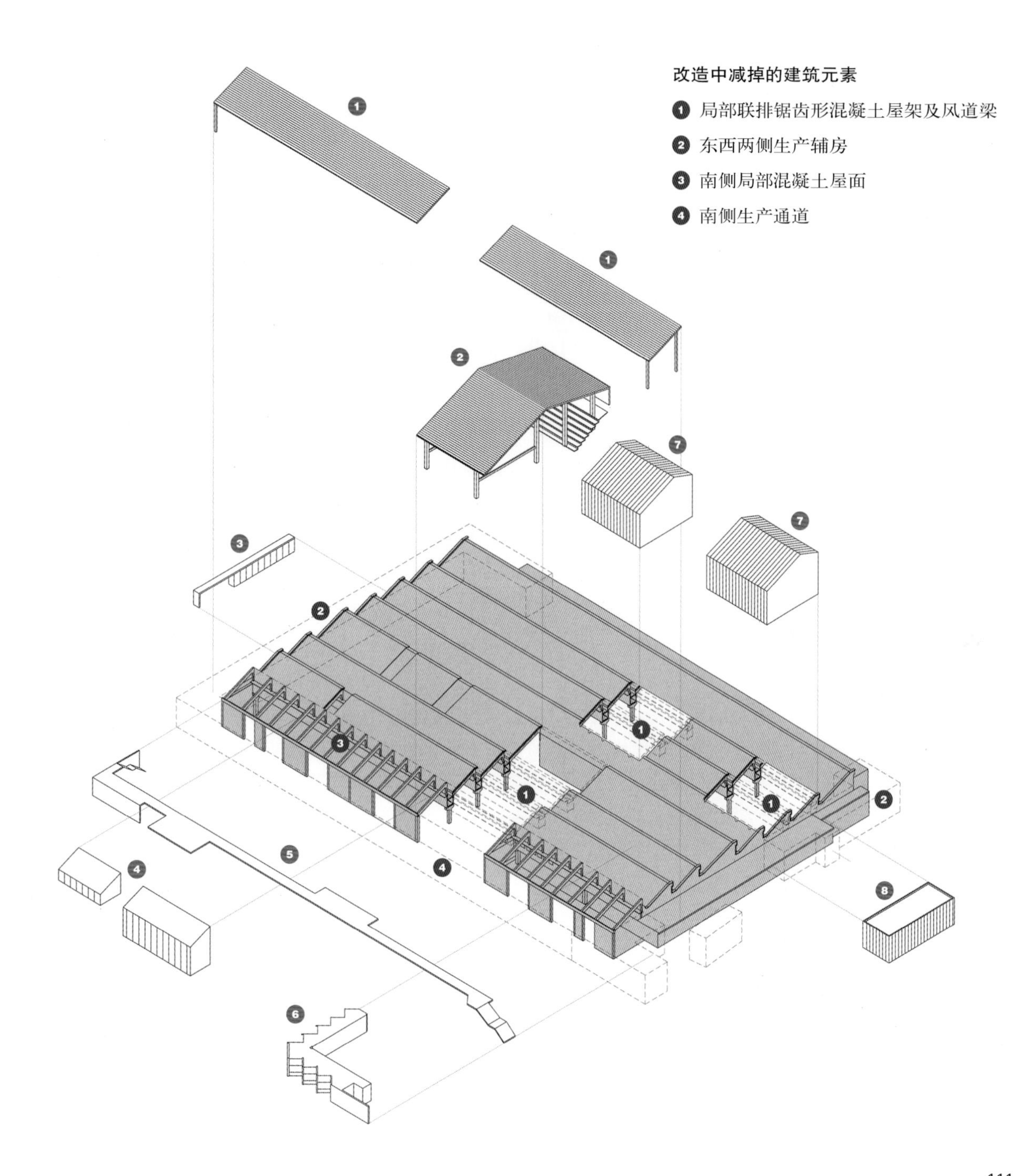
改造中减掉的建筑元素
1 局部联排锯齿形混凝土屋架及风道梁
2 东西两侧生产辅房
3 南侧局部混凝土屋面
4 南侧生产通道

半室外公共表演场的改造设计构想

改造后该空间中的公共表演活动

从车间到表演场

利用生产车间中部面宽方向尺寸较大的一跨柱网，局部拆除该跨内的部分梁架和原有屋顶，形成通高的公共节点，并设置钢结构观众看台，使该节点成为具有公共性质的半室外城市舞台。结合这一半室外空间，在其东侧设置实验剧场门厅，门厅临街侧设锯齿状平面构成的票务区。围绕着门厅，在原生产车间东段设置三个规模相近的小剧场(各剧场侧重于不同主题的表演)和一个多功能厅。位于半室外的公共表演场西侧的生产车间部分，未来主要作为创意商业空间使用。

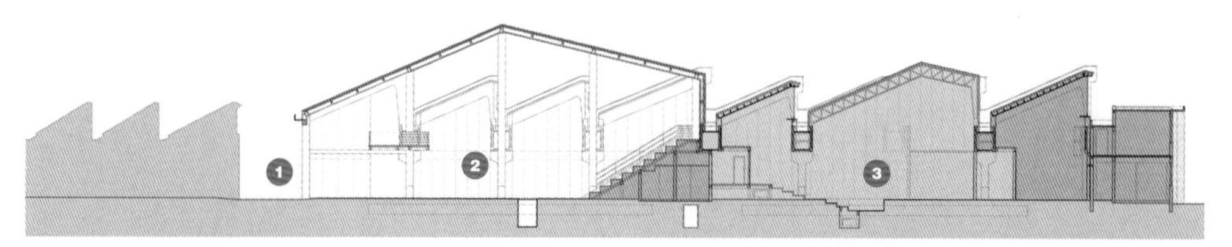

改造后新布厂车间半室外空间剖面图

1 主街
2 半室外公共表演场
3 1号剧场

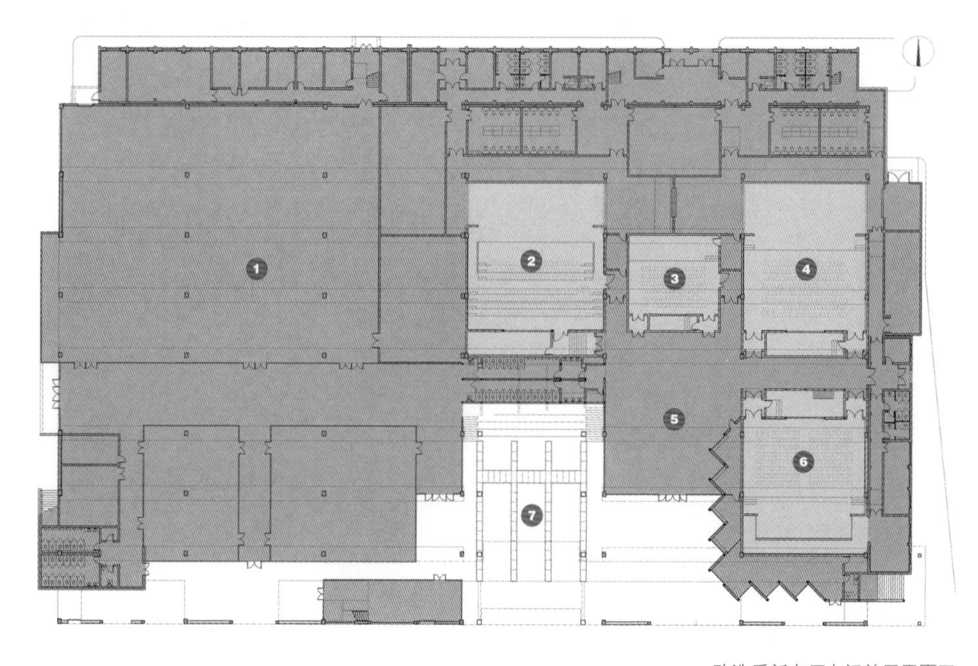

1 创意商业空间
2 1号剧场
3 多功能厅
4 2号剧场
5 剧场门厅
6 3号剧场
7 半室外公共表演场

改造后新布厂车间首层平面图

Old
Mill
World
《体验
专业

公共立体街道

主体生产车间沿街半室外空间内，利用原有建筑自身高度，在4.200标高处设置东西向半室外连桥；结合连桥局部加宽形成夹层空间；使该半室外区域内呈现层次丰富的空间状态。同时穿插其中的玻璃体商业空间、剧场票务及演出展示功能，与人们的多样活动更有机会充分交融，也让与主街毗邻的这一空间成为具有城市活力的公共立体街道。

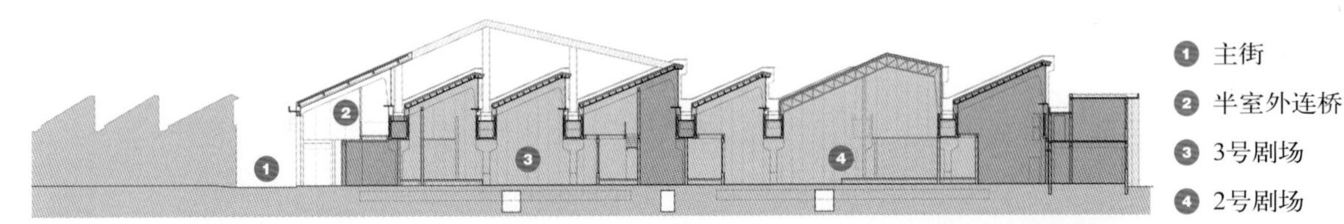

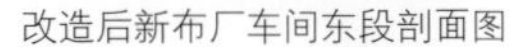
改造后新布厂车间东段剖面图

A
综合商业区 A05
小剧场群 C01
博物馆 C02
艺术中心 C03
南广场
综合商业区 A02
综合商业区 A06
特色餐饮区 B区

A

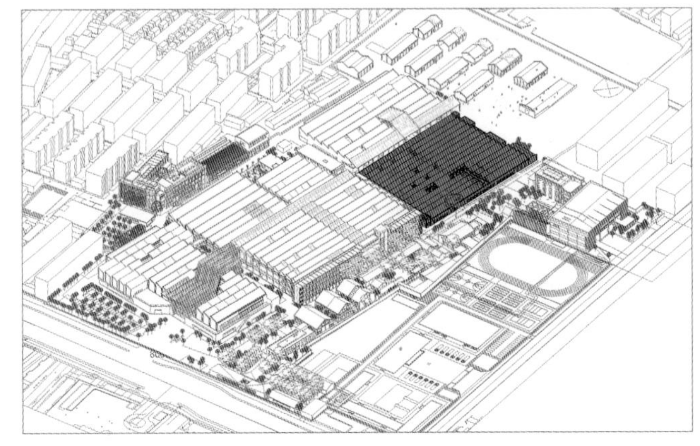

老布厂车间

原建筑名称：老布厂车间

建造年代：20世纪30年代

建筑面积：12222平方米（改造前）/ 9440平方米（改造后）

建筑总高：9.1米

建筑层数：1～2层

结构选型：钢结构（保留）、砖混结构（保留）、钢结构（新增）

建筑功能：生产厂房（改造前）/ 大华纺织工业博物馆、创意商业（改造后）

建筑历史沿革

老布厂车间始建于1935年，为大华纱厂仅存的两栋建于20世纪30年代老厂房之一，由当时日本桥本建筑事务所设计，主体织布车间采用了单层连续跨度钢结构体系，是西北地区现存最早、规模最大、最具代表性的钢结构单体工业建筑。虽经历了地震、战争等破坏，建筑和结构仍具有相当的历史价值和自身完整性。

老布厂车间

新布厂车间原貌

老布厂车间由生产辅房和主体织布车间组成。东侧生产辅房以单层砖混结构为主，立面为红色砖墙且窗洞较少，应为20世纪50年代后增建的部分。西侧生产辅房以带夹层的砖混结构为主，立面为灰色砖墙；其主要部分为20世纪30年代建造。生产辅房功能主要为除尘、空调等工艺配套用房。

建筑南侧中段有灰色砖砌气楼，气楼内部设有夹层，顶部为木屋架双坡屋顶，木屋架结构较为精巧，具有较强的历史感和建筑特色。

主体织布车间沿南北方向设置连续的锯齿形钢屋架，结构节点采用螺钉加热铆固，钢屋架底标高为4.1米，屋架以上采用联排锯齿形屋顶，并设置朝北向的通长侧天窗，结合钢柱设有手摇式开窗器。钢结构柱以工字钢柱为主，部分区域使用双角钢柱。整个结构体系呈现出特有的建构美学。

改造中增加的建筑元素

1. 金属格栅采光屋面
2. 与室外连桥及楼梯结合的商业体
3. 联排单坡屋面单元体
4. 轻质采光屋面
5. 钢制夹层与楼梯
6. 东山墙外侧的展示空间

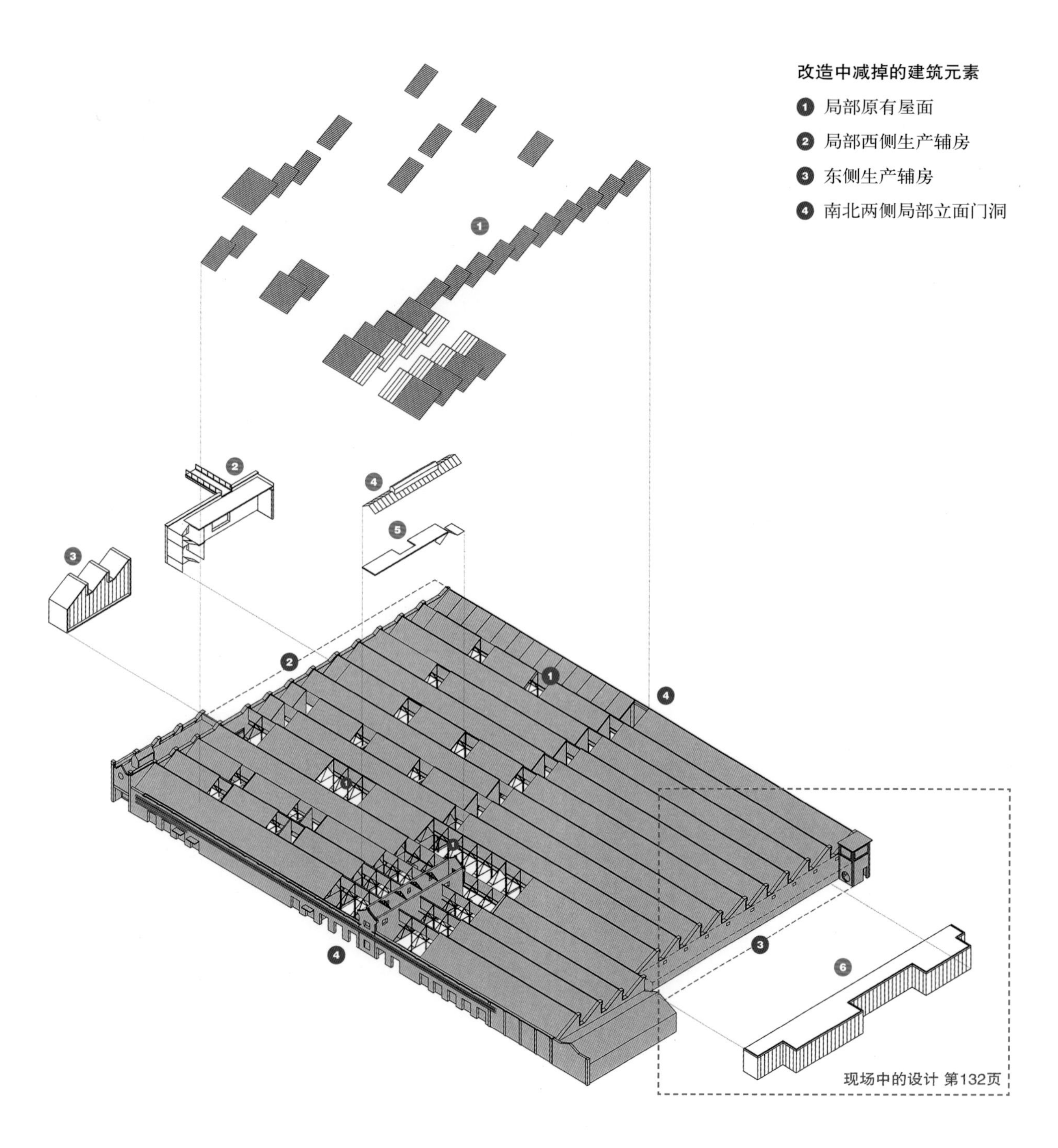
改造中减掉的建筑元素
1 局部原有屋面
2 局部西侧生产辅房
3 东侧生产辅房
4 南北两侧局部立面门洞
1
2
3
4
5
6
现场中的设计 第132页

改造前钢结构体系所形成的空间状态

改造后具有可识别的结构加固体系的空间状态

可识别的结构加固体系

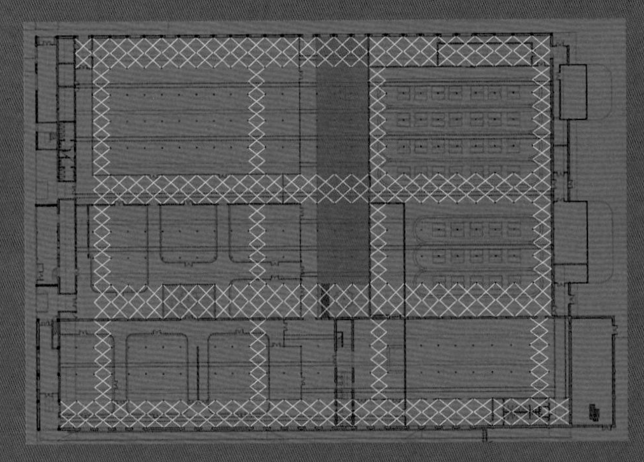

新增加固支撑构件平面位置示意图

老布厂车间主体钢结构的美感和历史原真性，在改造中须最大限度地体现。所以在对其进行必要的结构安全加固时，经反复与结构工程师讨论和研究，最终采用了可识别的结构加固体系，即根据谨慎的结构计算后，在部分梁架范围增加成组的下弦支撑及天窗间支撑；在部分钢柱间增加对应的柱间支撑。所有加固支撑构件的位置以最小限度影响空间效果和功能使用为前提，同时支撑构件的截面、尺寸、颜色均与20世纪30年代的钢构件有明确的反差，使人们明确识别出新旧结构体系之间的区别。

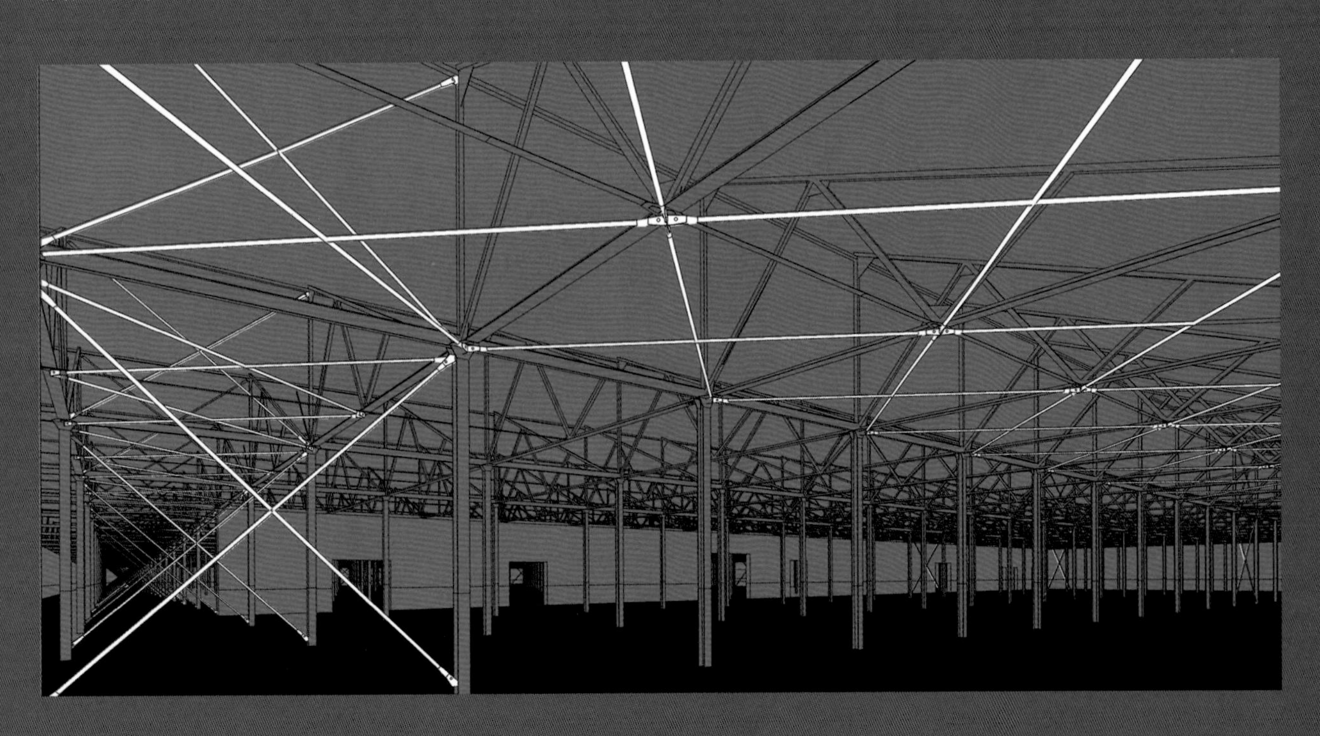

结构细部的呈现

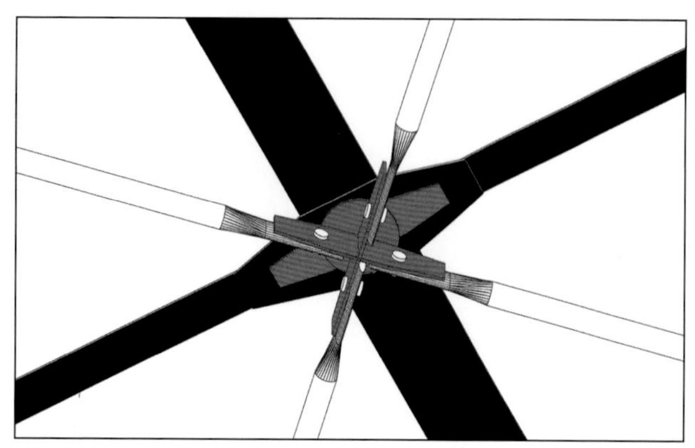

加固支撑构件与原有结构的连接细部设计

加固后新老结构构件的连接状态

所有加固支撑构件均采用区别于原有结构构件的白色钢制圆管；圆管截面选择以满足结构计算必要的尺寸为原则，通过轻巧纤细的加固支撑构件衬托出30年代钢结构工业化的美感。加固支撑构件之间的连接、支撑构件与原有结构的连接，经过与结构工程师共同研究及优化，采用了支撑构件连接处的变截面处理、起转换作用的钢制节点板设置等构造措施，由此产生出既便于现场施工，又能够简洁明晰的呈现力学及建构关系的结构细部设计。

半室外空间及庭院中新增结构加固系统与保留建筑的共存状态

老布厂车间内的大华纺织工业博物馆展陈布置与结构体系的关系

行走于可识别的结构体系之间的时装展示

现场中的设计

改造施工中发现老厂房东侧山墙上的"文革"标语

从封闭界面到展示界面

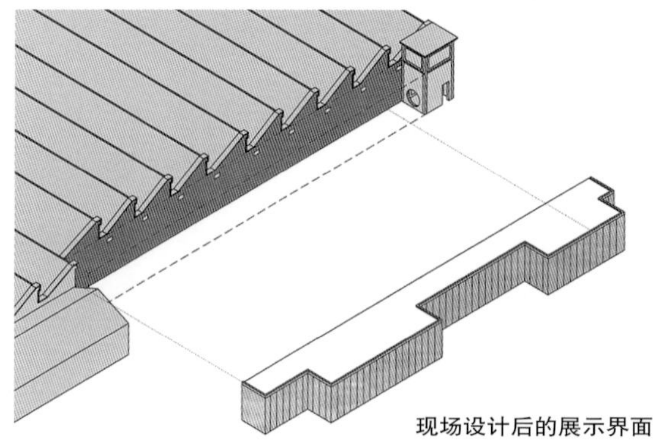

现场设计后的展示界面

在最初的改造设计方案中，老布厂东侧生产辅房整体拆除，在此设置新的设备机房。在改造施工过程中，甲方及施工单位发现了东侧山墙粉刷层掩盖下的大面积文革时期标语。根据这一发现，我们在现场配合中将原设计中的设备机房调整至建筑北侧，将此范围内的封闭界面转换成通透的展示界面，使此处的历史痕迹及具有韵律感的灰砖山墙都能够充分地展现出来。

综合办公楼

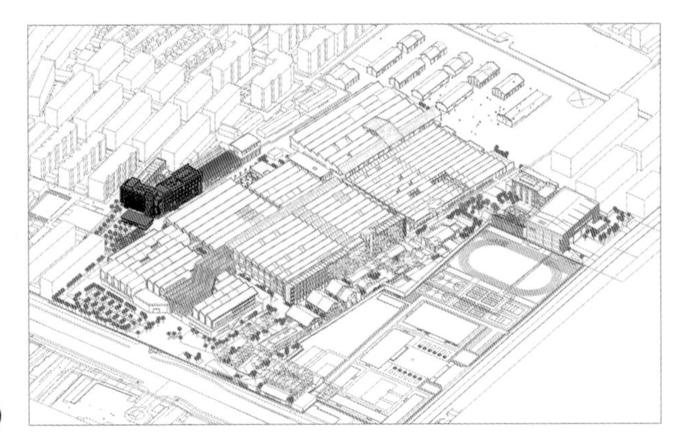

原建筑名称： 综合办公楼

建造年代： 20世纪80年代

建筑面积： 4612平方米 (改造前) / 5447平方米 (改造后)

建筑总高： 21.9米

建筑层数： 4～5层

结构选型： 混凝土框架结构 (保留) 、钢结构 (新增)

建筑功能： 综合办公、厂区招待所 (改造前) / 精品酒店 (改造后)

建筑历史沿革

厂招待所全貌

综合办公楼用地及周边原为大华纱厂的西食堂、澡堂及工人俱乐部。1981年拆除了原有建筑，由企业自己设计并建造了后来的综合楼。整栋建筑呈“L”形，采用了混凝土框架结构。西侧建筑为5层，作为厂区招待所使用，配有客房、餐厅、大中小会议室等设施。

南侧建筑为4层，最初作为厂区图书馆、职工活动中心和教育科，1987年南、北院拆除后，厂部和党委均搬至这里，作为企业综合办公使用。

图书馆外景

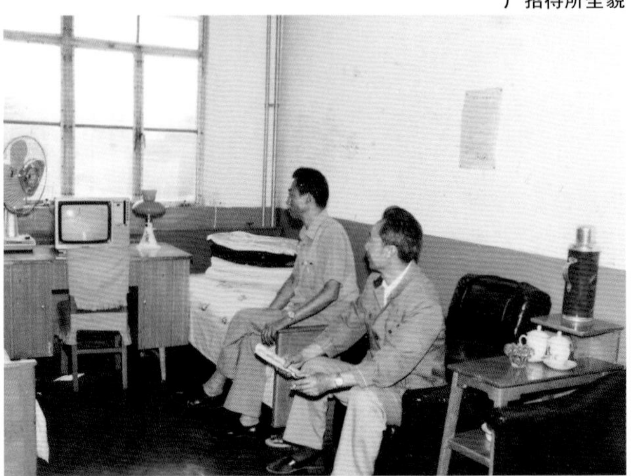

舒适的客房间

综合办公楼原貌

南侧综合办公楼首层层高为4.5米，二至四层主要层高为3.9米；外墙材质以混凝土水泥抹灰为主(部分墙面刷有暖灰色涂料)，对应使用房间部分立面开窗规律；西南转角楼梯间前厅范围，除首层以外各层均设有通长室外阳台。西侧的招待所楼，首层层高4.2米，二至五层主要层高为3.3米；外侧客房各窗口均设置有混凝土水平遮阳薄板；对应转角楼梯间部分立面，采用镂空花格外墙。整栋建筑外观简洁朴素。

建筑内部各层主要以内走廊串联两侧使用房间；南侧办公楼顶层局部层高6.0米，作为大会议室使用。

西南转角楼梯间可以到达建筑屋顶室外；该建筑屋顶是大华纱厂为数不多的景观高点。

改造中增加的建筑元素

1. 入口门厅及庭院
2. 可到达顶楼的景观电梯
3. 结合原有形体的公共空间
4. 外墙面竖向金属格栅
5. 配套商业入口及展示橱窗
6. 跃层空间景观凸窗
7. 与跃层空间结合的外墙
8. 重新开窗的东侧山墙

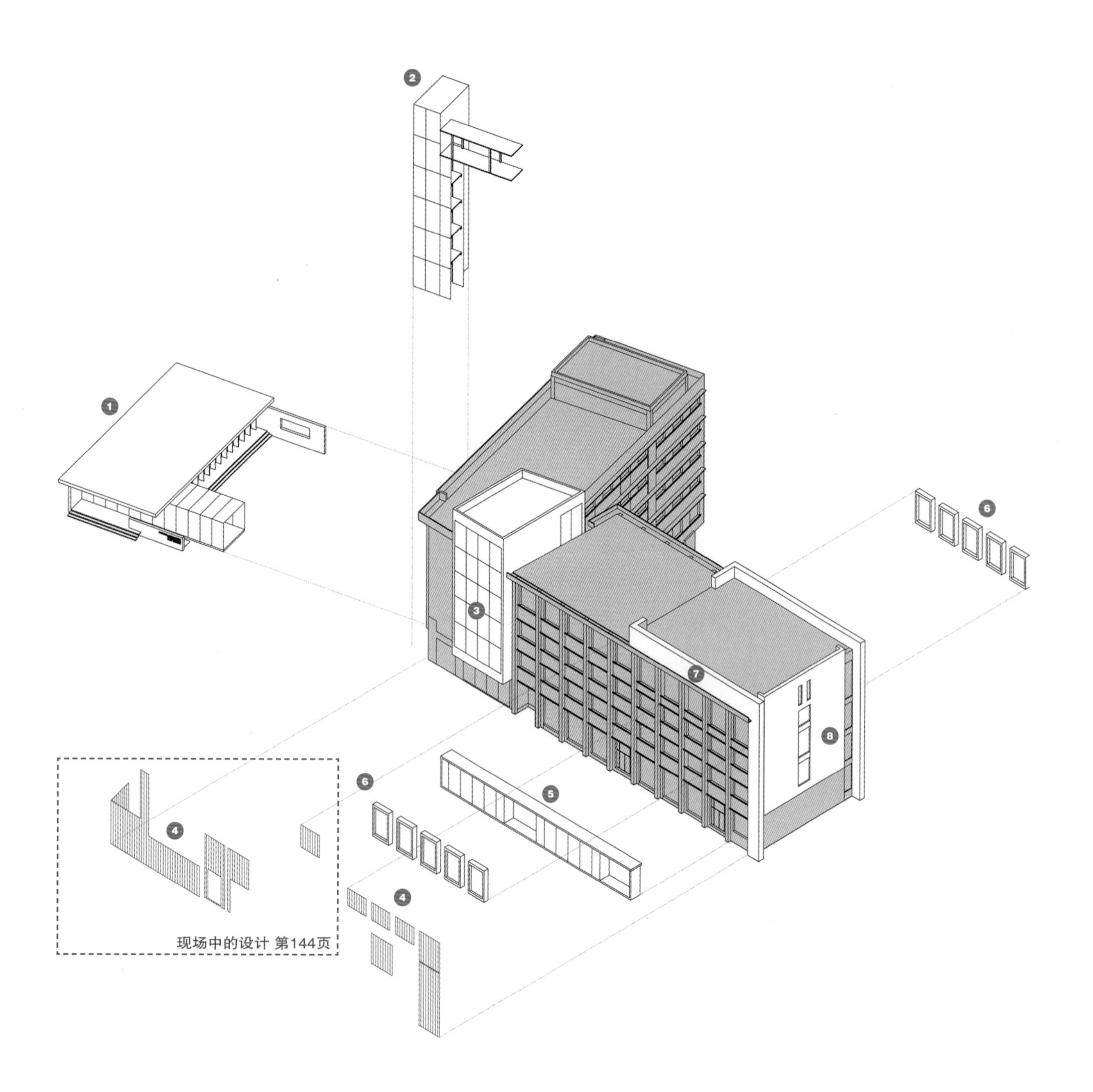
1
2
3
4
5
6
7
8
4
6
6
4
现场中的设计 第144页

原西侧招待所楼首层门厅空间较为狭小，改造中利用建筑西侧的空地，增设单层体量作为酒店的门厅及接待区。新增门厅作为酒店首层主要的入口及公共空间，因此在设计中进一步明确了其位置及方向与一期厂房东侧的南北向主要街道的对景关系，既使得该空间便于被前来的人们所识别和发现，也使得身处其中的人们获得具有纵深感的视觉景观。通过观看的方式将厂区特有的工业感环境氛围渗透于该空间之中，并令室内环境与室外环境产生带有新旧变化的、时间性的对话。

使用功能与对景

建筑二层至顶层改造后面向南侧的客房部分，室内设计对常规化的窗口陈设进行了精简，并设置可滑动的窗帘板及卧榻，以使人更好地面对朝向生产厂房连续屋顶的视觉景观。

原建筑西南转角楼梯间的前厅，除首层作为内部服务用房外，其余各层均结合南向的景观，改造成供酒店客房区使用的开敞式公共会客区。

现场中的设计

综合办公楼的立面改造整体上保留了原有建筑面貌、立面材质和建筑细部；仅根据功能的需要，少量加入新的立面元素。改造施工过程中，由于需对部分原有框架柱进行四边加固措施，导致局部原有水刷石墙面及外窗檐口产生了难以复原的破损。在现场配合中，我们通过设计顺应这一问题，在破损位置和区域增加了木色竖向金属格栅这一系统性的元素，用具有纪录性的方式对立面进行修补(部分窗口也起到遮阳作用)，用更积极的方式将施工中的变故转换成新的立面构成。

结构加固引起的墙面
及外窗檐口的破损

对应加固破损所增加的
竖向格栅构成元素

立面修补的构成

对立面进行修补所增添的设计元素及由此产生的新构成，使原有水刷石墙面、镂空花格外墙细部等反映原有建筑特色的组成部分与新增的建筑材料及体量之间，形成了更具层次的过渡，也令改造后的建筑外观呈现出一种具有变迁感的生动状态。

新增门厅与主体建筑客房区通过室内连廊相连，并在此位置增设可到达各层的景观电梯。原西侧建筑首层主体部分作为酒店所属的餐厅，利用主体建筑与新增门厅及连廊的建筑形体在餐厅西侧围合出与之配套的内部露天庭院。在这一庭院空间中，门厅建筑东侧的连续落地隔扇门与西侧主体建筑带水平遮阳板的特色立面，共同形成了既有新旧对比、又有所呼应的两侧界面。

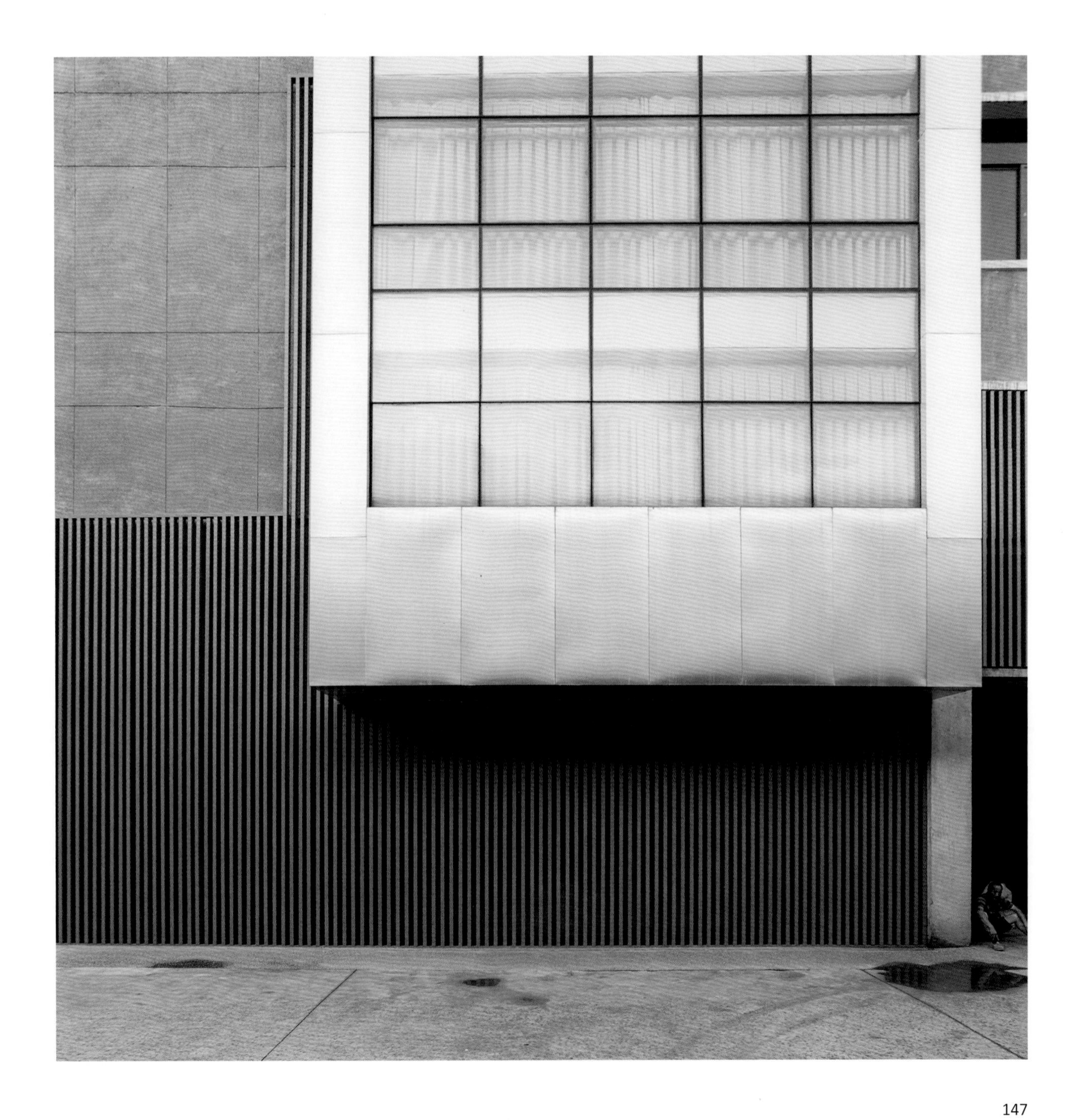

老南门办公区及动力用房

原建筑名称： 老南门办公区及动力用房

建造年代： 20世纪30年代 (老南门办公区)
20世纪70年代 (动力用房)

建筑面积： 1586平方米 (改造前) / 2953平方米 (改造后)

建筑总高： 6.6米/8米

建筑层数： 1层 (动力用房局部设夹层)

结构选型： 砖混结构 (保留) 、钢结构 (新增)

建筑功能： 经理室、附属办公及动力配套 (改造前) /
休闲、餐饮 (改造后)

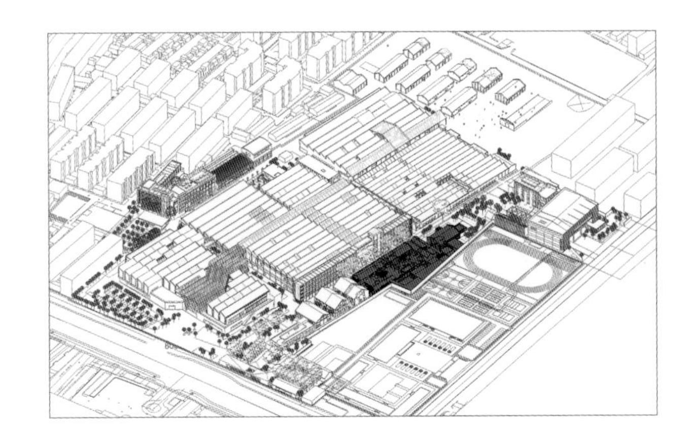

建筑历史沿革

老南门建于1935年，是大华纱厂最早的历史遗迹之一，大门采用对称三扇门的砖混结构；总宽19.2米，两侧高6.3米，中间高7.8米，中间大门宽3.2米，两边小门宽1.07米，门楼样式为简化的古典主义风格。老南门外的纱厂街，是早期大华纱厂的工人居住区。从建厂之初，老南门一直作为大华纱厂的正门；1967年将大华南路侧的西门作为正门后，老南门改为定时开放；1989年后彻底关闭。

老南门上“长安大华纺织厂”门匾，为寇遐于1936年9月题写。寇遐(1884–1953)，陕西蒲城人，是民国时期陕西著名政治家、书法家；他在书法、金石艺术方面造诣颇深，被称为“关中大家”。杨虎城将军墓碑、李仪祉墓碑、西安人民大厦榜书横额等字均出自其手。

老南门办公区始建于1935年，民国时期这里是职员办公室。新中国成立后，生产、成品、计划、劳资、计量、棉纱试验、纤维检验等职能部门均在此办公。1994年办公室搬迁后，这里改作生产辅房。该一区域采用院落式对称布局，建筑主要为坡屋顶砖木结构，并带有部分西洋式建筑细部。

院落北侧二道门两边是办公用房，门上“大华纺织股份有限公司”字样依稀可见。建筑两侧均设有廊檐，以二道门为中轴对称排列。二道门两边办公用房各长30米，房屋跨度6.8米，脊高6.1米。

老南门办公区及动力用房原貌

老南门办公区的建筑均呈现出民国建筑中西合璧的建筑风格。尽管有一些后期的搭建，但原有院落格局仍清晰可辨。

老南门为灰砖墙体，南侧墙面上有混凝土抹灰面层及各时期留下的题字；南门内两侧，西为原警卫室(3号房)，东为原传达室(4号房)，单侧房屋长12.3米，进深5.2米，脊高4.6米；外墙嵌有“瓶中牡丹”、“百年古松”、“四季海棠”、“梅兰连枝”等精美砖雕。

该区域由于后期被作为生产辅房区使用，故建筑之间充塞了各种废弃的生产容器；但建筑格局及原有树木保留完好。

办公区各栋建筑以灰砖外墙为主。院落北侧二道门两边办公用房，外侧檐廊内的墙体上开有带砖拱的门窗洞口，具有民国建筑所特有的历史感。

1

2

3
4
4

8

10
9

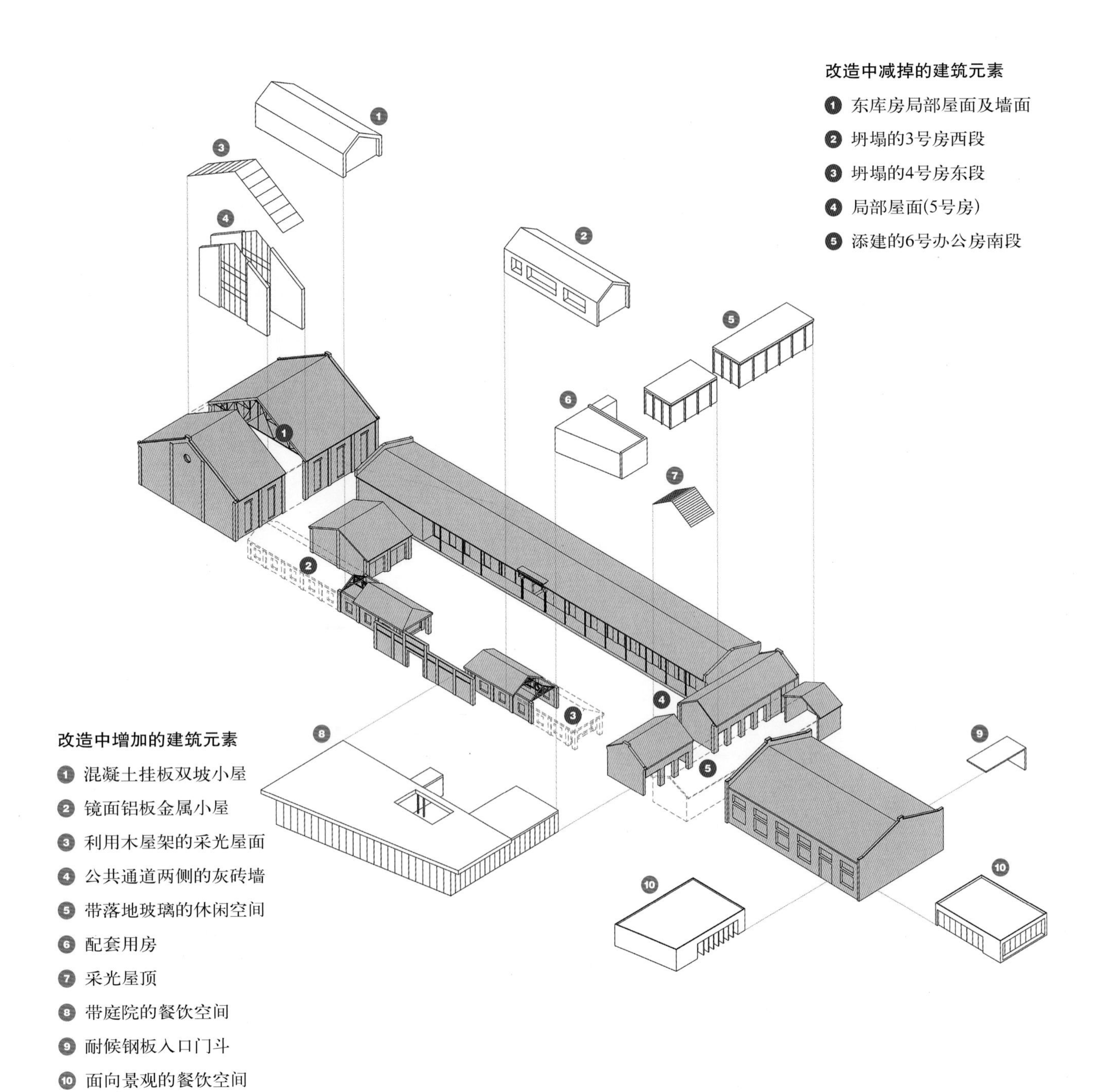
改造中减掉的建筑元素
1 东库房局部屋面及墙面
2 坍塌的3号房西段
3 坍塌的4号房东段
4 局部屋面(5号房)
5 添建的6号办公房南段
改造中增加的建筑元素
1 混凝土挂板双坡小屋
2 镜面铝板金属小屋
3 利用木屋架的采光屋面
4 公共通道两侧的灰砖墙
5 带落地玻璃的休闲空间
6 配套用房
7 采光屋顶
8 带庭院的餐饮空间
9 耐候钢板入口门斗
10 面向景观的餐饮空间

改造前老南门及周边区域所呈现的封闭状态

改造后老南门与周边建筑重构历史空间状态

历史空间的梳理

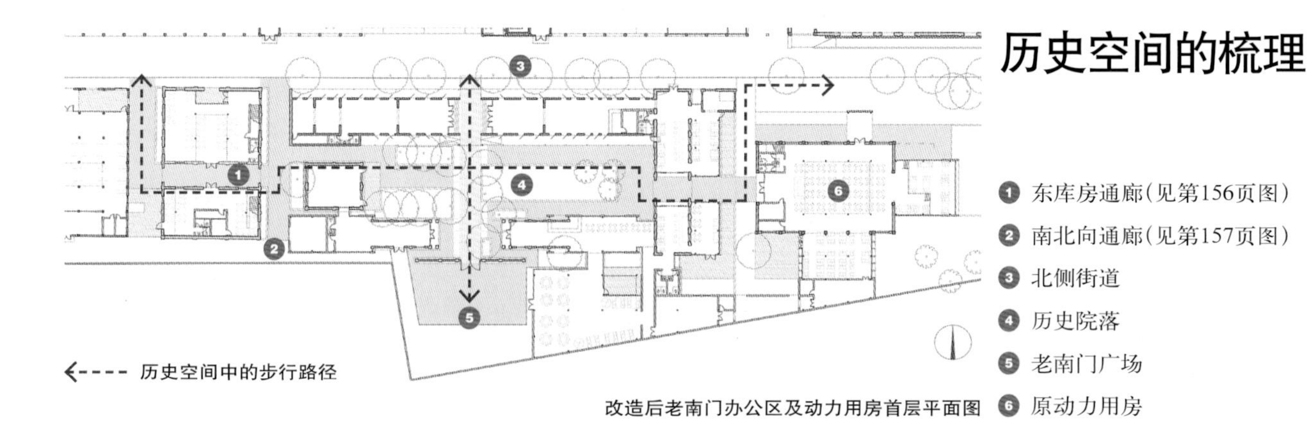

改造后老南门办公区及动力用房首层平面图

1. 东库房通廊(见第156页图)
2. 南北向通廊(见第157页图)
3. 北侧街道
4. 历史院落
5. 老南门广场
6. 原动力用房

老南门办公区及周边的区域的改造,以对格局完整的历史空间的梳理为原则,重新呈现出经典院落,并保留所有历史建筑及高大树木。同时利用东西两侧失修坍塌建筑及老南门外的部分空地,根据功能的需要将新的建筑织补其中;并在整个区域内,形成南北方向(北侧街道—院落—老南门广场)、东西向(东库房通廊—院落—原动力用房)两条穿越历史空间的步行路径,让人们在更加便捷地徜徉其中的同时,感受历史记忆和现代生活的共存。

改造后东库房通廊与老南门区域的视觉及路径关系（见第155页首层平面图1）

相似的建筑形态、差异化的立面材料所体现的新旧建筑对比和并置（见第155页首层平面图 2 ）

对院落北侧建筑檐廊外墙上“大跃进”时期壁画的清洁与保护

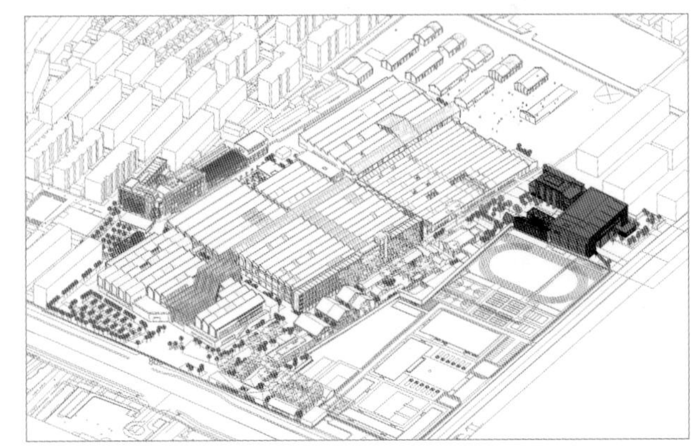

厂区锅炉房

原建筑名称: 厂区锅炉房

建造年代: 20世纪80年代

建筑面积: 1542平方米 (改造前) / 6269平方米 (改造后)

建筑总高: 14米

建筑层数: 2～4层

结构选型: 混凝土框架结构 (保留) 、砖混结构 (保留) 、钢结构 (新增)

建筑功能: 锅炉房及附属功能 (改造前) / 当代艺术中心及艺术家工坊(改造后)

建筑历史沿革

1935年大华纱厂建厂时，当时西安电力供应非常有限，为了满足纱厂生产用电需要，从石家庄大兴纱厂迁来一台美式威斯登豪斯透平发电机及配套设备，在属于现厂区锅炉房用地偏西侧自建了一座小型发电厂，同时在这里修建了一座混凝土贮水池，水池长54.5米，宽25.9米，深2米，贮水容量2822立方米。通过喷水装置，对锅炉用水进行杂质清滤。1962年起，厂区用电改由西安电厂提供，该发电厂逐渐被废弃。

1983年为满足生产需要，大华纱厂在发电厂原址上修建了厂区锅炉房。整个锅炉房及其附属设施，工艺流程清晰，建造逻辑明确，外观简洁朴素，可作为当时标准的工业动力用房建筑组群的代表。2008年，按照城区节能减排、环境保护的要求，该锅炉房关闭停用。

厂区锅炉房原貌

锅炉房用地西侧的混凝土水池及西北侧单层灰砖坡屋顶建筑(原发电厂泵房)是30年代发电厂保留下来仅有的历史遗存。

锅炉房主体采用钢筋混凝土框架结构，建筑外墙为大面积红色清水砖填充墙与混凝土水泥抹灰面层的结合；立面开窗较为规律，钢窗窗框也具有一定的工业感。

锅炉房首层为锅炉设备下方收集和清理煤渣的楼层，柱子较为密集，用以支撑锅炉底部尺寸较大的混凝土基座。二层为安置锅炉的主要空间，屋顶结构下总高13米；东侧边跨上方设有混凝土输煤料斗及输煤夹层。

锅炉房西南侧设有排水沟和水池，用以将首层中的燃烧残渣冲至水池中收集清理；水池上方设有安装起重设备的混凝土吊架。锅炉房西侧设有三座毛石砌筑的脱硫塔；锅炉房南侧设有两段混凝土结构的架空输煤廊及配套输煤塔，用于将南侧堆场上的煤输送至锅炉房顶部的输煤夹层。

改造中增加的建筑元素

1 联排单元体（见第174页）
2 艺术空间西侧耐候钢板墙体
3 公共通道采光屋面
4 钢结构屋顶（梁底距地面13.7米）
5 公共通道两侧通高墙体
6 入口门厅、幕墙及采光屋面
7 艺术空间北侧耐候钢板墙体
8 艺术空间西侧楼板
9 与南侧输煤廊结合的耐候钢板墙体
10 空中的半室外坡道
11 艺术空间南侧耐候钢板墙体
12 伸入绿化的沿街咖啡厅空间
13 与煤塔结合的东侧耐候钢板墙体
14 艺术空间中的展览夹层
15 东侧输煤廊中伸出的连桥
16 室内景观电梯
17 北侧室外疏散楼梯
18 地面洞口及洗煤池上的玻璃地面

改造中保留的建筑元素

1. 锅炉房主体建筑
2. 东侧输煤廊
3. 东南转角煤塔
4. 南侧输煤廊
5. 混凝土吊架及沉淀池
6. 20世纪30年代发电厂附属泵房

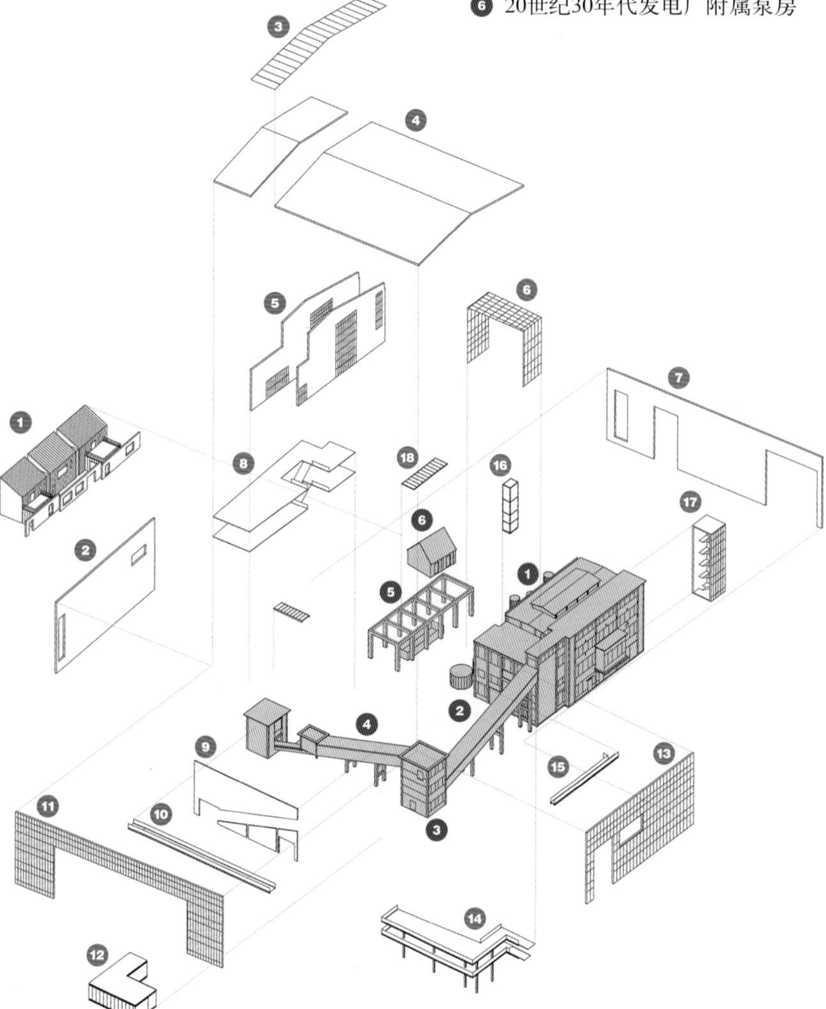

改造后新旧建筑共同围合成的室外艺术空间

改造后限定出“城市—吊架—老布厂车间”的视觉及步行轴线

空间及轴线的限定

从其建筑外貌和空间特质来看，厂区锅炉房建筑组群具备转变为当代艺术中心的潜质，但其有效使用面积有限，辅助空间及设施相对欠缺，整个场地关系也显得较为松散。

为了满足和拓展该建筑组群未来作为艺术中心的使用可能，塑造和形成具有艺术活力的城市公共空间，改造设计中保留了锅炉房主体建筑及脱硫塔、沉淀池、吊架、输煤廊等全部与工艺有关的构筑物；充分利用南侧堆煤场，增加新的艺术展示空间及公共使用功能；同时在用地西侧、发电厂遗存南侧的狭长空地上，结合现状树木增加联排的艺术家工坊，该组建筑与原有锅炉房、南侧新增艺术空间一起，对沉淀池及周边空间进行限定，并围合出充满工业质感的艺术广场。

新增艺术空间南立面在与北侧吊架相对位的部分，设置沟通南侧城市与北侧广场的半室外公共通道，限定出从"城市—吊架—老布厂车间"的新轴线；这一视线和步行的双重轴线与建筑立面从构成、材料上呈现的景框效果，共同营造出引导人们从城市进入大华纱厂艺术区的前导空间。

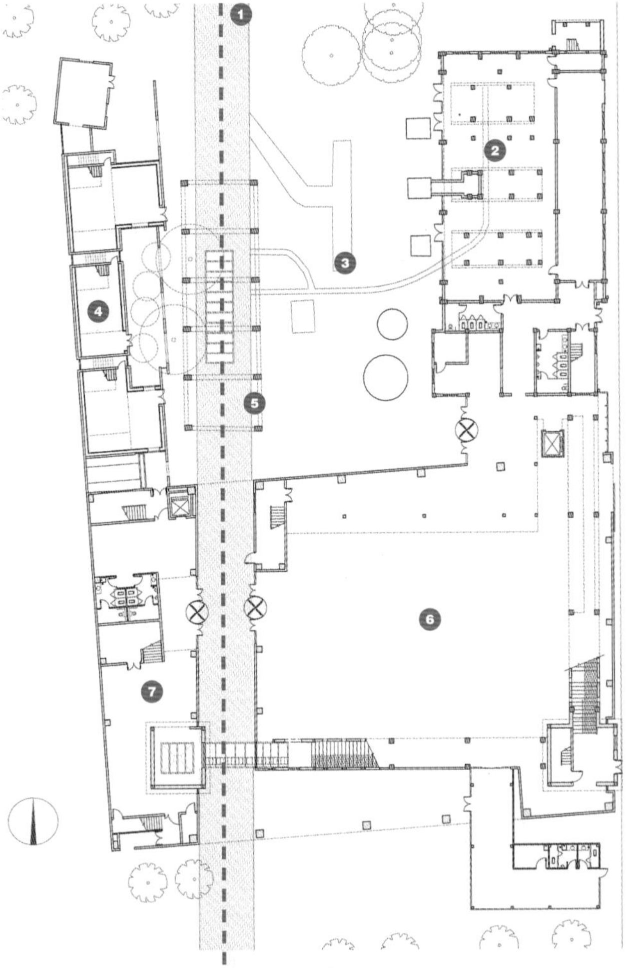

改造后厂区锅炉房区域首层平面图

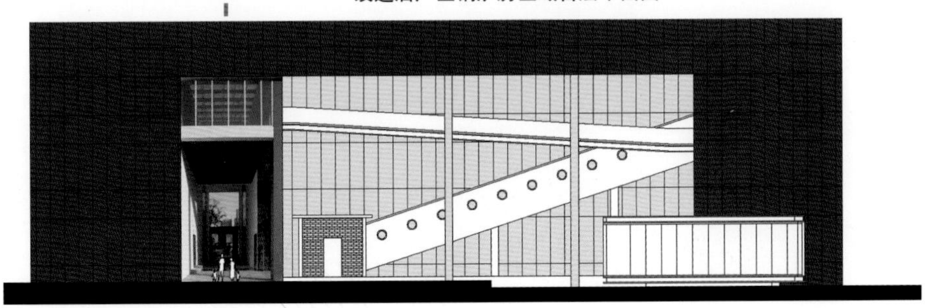

1. 通向老布厂车间方向
2. 原有锅炉房空间
3. 艺术广场
4. 艺术家工坊
5. 吊架及沉淀池
6. 新增艺术空间
7. 展览空间

新增艺术空间与沟通新旧建筑的输煤廊

改造后利用该艺术空间的现场音乐演出

沟通新旧建筑的动态元素

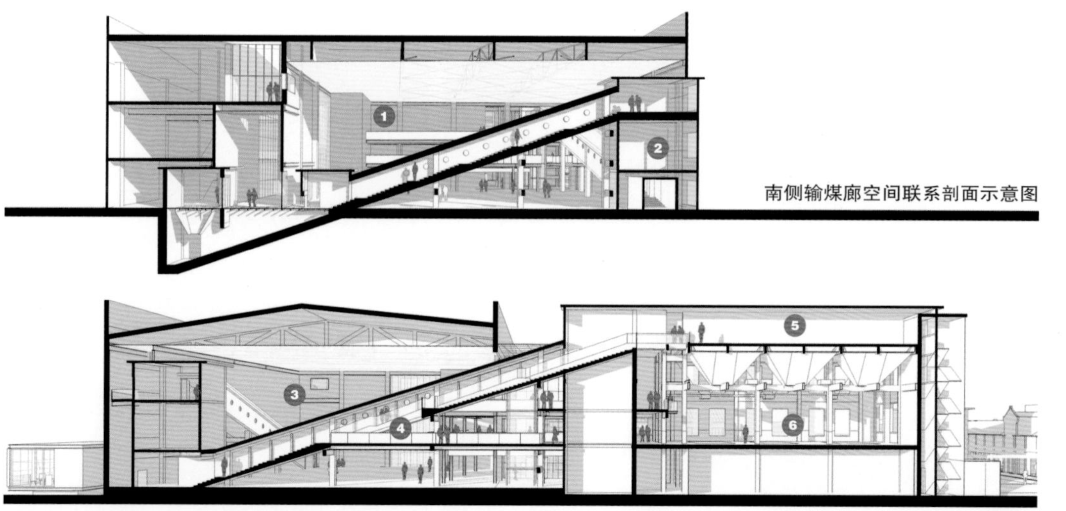

南侧输煤廊空间联系剖面示意图

东侧输煤廊空间联系剖面示意图

❶ 新增艺术空间
❷ 煤塔
❸ 新增艺术空间
❹ 连桥
❺ 顶层艺术空间
❻ 锅炉房主展厅

改造前作为工业设施的输煤廊

改造后作为体验空间的输煤廊

新增艺术空间将堆煤场东侧和南侧的两段输煤廊纳入进来，使得原来建筑组群中最具动势的工业构筑物成为沟通新旧建筑的动态元素。东侧输煤廊连接了原堆煤场地坪至锅炉房顶部输煤夹层，改造中在该段煤廊内部设置轻质楼梯，并在煤廊与锅炉房主体二层标高相平处设置连桥，从而使人们在结束了在新增艺术空间的观览后拾阶而上，可到达设在锅炉房主体空间内的展厅以及输煤夹层内的顶层艺术空间；南侧煤廊则能够让人们直接从新增艺术空间到达转角煤塔及对应的半室外坡道；人们在体验这种工业管腔式的步行路径时，也获得在新旧建筑之间转换的空间感受。

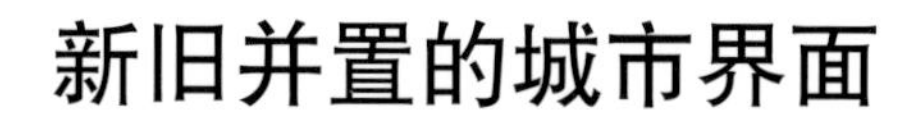

新旧并置的城市界面

对于锅炉房区域内的保留建筑和构筑物的外立面，改造中均以保留原有表面材质为主；也尽可能选择节制的结构加固方法，减少对于原有外观的破坏和影响，最大限度地留下那些经由时间洗礼而产生的印迹和美感。例如保留的两段输煤廊，在满足结构安全要求的前提下，主要对其支撑柱和煤廊内壁进行增加强度及整体性的加固，这样使得输煤廊外壁仍呈现出只有原初混凝土材料方能具有的粗粝质感。

对于新增部分的外墙材料，则注重将其与保留材料形成明确的区别，同时延续工业化的特质。锅炉房南侧的新增展厅主要外墙以及锅炉房北侧新增室外楼梯间两侧墙面，均选用了耐候钢板作为外幕墙材料。这种钢板从被生产出厂后，历经大约三四个月的时间，能够通过自然氧化形成致密的氧化物保护面层。由此产生出的具有微妙色差的锈红色调，既是对锅炉房红砖墙面的呼应，也表达了时间要素对工业化立面一如既往的刻划作用。

通过选用与原有建筑具有关联和反差的新材料；并采用新建部分与保留工业元素在立面上的镶嵌式构成，积极地呈现出新旧并置的城市界面。

新增艺术家工坊与景观墙体形成围合保留树木的院落

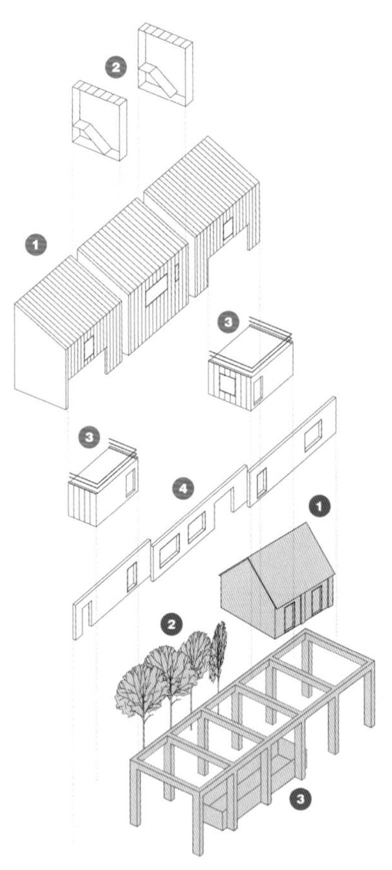

改造中增加的建筑元素

1. 联排单坡单元体(艺术家工坊)
2. 通往二楼的钢制楼梯
3. 入口空间及室外平台
4. 带景框的灰砖片墙

改造中保留的元素

1. 20世纪30年代发电站附属用房
2. 现状树木
3. 洗煤吊架及洗煤池

工业元素边的院落

改造设计中，利用锅炉房用地西侧，建于20世纪30年代发电厂泵房南侧的狭长空地，新增联排的艺术家工坊作为与艺术区配套的创作空间；并利用该建筑和成组的灰砖景观墙体，共同形成围合保留树木的院落。该院落空间既提供了艺术家工坊必要的领域感，也使得洗煤吊架这一工业元素与新建筑之间产生了更具层次的空间及景观效果。艺术家工坊立面主要采用了深灰色的镀锌铝板，局部采用锈红色耐候钢板，以此表达出与北侧泵房遗存及南侧新增艺术空间形体的协调和关联。

由于新增加的南侧展厅及西侧的艺术家工坊，锅炉房区域的场地关系变得更为清晰——人们从南侧城市方向，经由对位沉淀池及吊架设置的南北向半室外通廊，被引入有明确空间限定的艺术广场。作为建筑改造的延伸，对于该城市节点和公共空间的景观设计，在吊架与锅炉房之间的空场范围，根据与脱硫塔及烟囱等构筑的对位关系，设置具有节奏感的带状水刷石地面，并在各水刷石地面之间预留间隙及与原有构筑物之间的不规则边界区域内填塞大小适中的砾石。通过这种朴素简洁且具有一定变化的景观处理，有效地织补广场上的各种现状元素，平衡原有地面的不同标高；形成较为完整的活动空间的同时，也在材料上提示出原有场地的工业化记忆。

场所与景观

大华1935

访谈三

洁净的沧桑

崔宣 西安曲江城墙景区开发建设有限公司副总经理

访：您作为大华纱厂改造的最早的参与者之一，最初的大华纱厂给您留下了什么样的印象和感受？

谈：2010年当时刚刚接手的时候，现场完全是一个废弃已久的工厂。厂区内杂草丛生，厂房里还有很多原有的生产设备；生产车间完全连成一片，基本上没有什么空余的地方。记忆深刻的是20世纪90年代完成的二期生产厂房，在它的一层摆放着密密麻麻的纺织机和各种设备，但二层却是空着的，当时建成后从来没有太多使用过，工厂就已经陷入了亏损的状态之中。

访：您对当时设计方提出的改造策略有什么样的评价，以及和他们是如何合作的？

谈：崔愷大师及其设计团队提出的改造策略是严谨的，也是具有创新性的。他们所做的改造设计工作首先是以尊重大华纱厂近80年的历史为前提进行的。他们的设计很好地保留了厂区20世纪30年代到90年代的不同历史时期的厂房本身，同时也最大程度上保留了厂房所具有的历史特征和痕迹，例如30年代的木屋架和钢屋架，50年代的水泥砂浆的墙面、水刷石的墙面，包括内墙的绿墙裙；尤其是新中国成立以后的一些建筑做法也得以保留，后期我们在拆除辅房想恢复原有50年代的水刷石墙面，发现已经做不出来了，当时的工艺现在大都不会了。整个厂区不仅反映了纺织工业发展的历史，也可以被看作是一个工业建筑的博物馆。所以这样的设计策略对于大华纱厂显得尤为重要。这个项目我曾带过很多业内人士和合作建筑师前来参观，大家评价都非常高。我给大家讲解的时候也觉得很轻松，我说“你们只要看到不同的建筑材料和组合，就可以知道厂区里哪些部分是原有保留的，哪些部分是加建的，都非常清晰。不同时期的厂房建筑，新增的元素和旧有的元素能很好地区分开。”同时，在原有建筑被认真保留的情况下，崔愷大师的设计团队还进一步把厂区中结合厂房设置的开放空间和符合未来商业功能的交通流线梳理得特别好，有效地实现了内外空间的互动。

我特别想说的是：崔愷大师及他的整个团队都非常敬业，也很有想法。我工作了这么多年，也合作过包括国内顶尖和境外的建筑设计团队，但和这个团队的合作是非常不同的，我喜欢他们独具想法的工作方式，也喜欢和他们一起讨论设计以及实施中的各种可能性。例如二期生产厂房的东侧辅房，就是在这样的讨论中得以保留下来的，利用它首层形成的半室外空间既是可以让大家在里面休息片刻，也给未来的首层商业提供了很多界面和机会。又例如老布厂车间，我们通过一系列的讨论，最终达成共识，希望保留下一种我称之为"洁净的沧桑",就是说改造完的车间室内不应该再有太多的霉斑和污损,但是老房子的历史感和众多痕迹是一定要有的。

从这个角度上说,我对这个项目也非常有感情,因为这个改造项目很多地方都是我们和设计团队一起做出的选择和决定。每次走到改造后的大华1935,我心都觉得特别自豪。作为设计科班出身,面对这个改造项目也让我非常过瘾。记得有一年,在年终述职中我曾发自内心的说"做完大华纱厂这个改造项目我感到莫名的激动,虽然我以前经手的项目是非常多的,但在这里我真的学习了很多。"

访:面对这样一个具有一定规模的工业建筑改造项目,您觉得在建设过程有什么特别之处,克服了那些难题?

谈:大华纱厂项目最大的难题之一是缺乏原来建筑的全套图纸,寻找图纸前前后后找了至少三家设计院;还有很多是最早期日本设计师的图纸。由于工厂从20世纪30年代迄今过程中不断改造扩建,原始的图纸很多已经遗失,所以在改造前又对一部分建筑进行了测绘,以及相应的结构检测。尽管如此,在改造过程中,还是会发现一些建筑的实际情况、结构状态和一开始掌握的情况完全不一样,为此需要在实施的过程中不断做出设计的修改。例如,筒并捻车间后面的辅房在最初的改造设计中是保留下来的,但是改造中发现原有的楼板是比较简陋的预制圆孔楼板,结构安全性也不够,改造加固难度比较大,经过和崔愷大师团队的多次探讨,最后决定全部拆掉,只留下原来的结构柱子作为广场上的景观元素。从现在来看,在周边的保留建筑之间形成这样一个"透气"的广场空间还是非常有必要的。

访:您对最终完成的情况有什么样的评价?

谈:我认为作为甲方,尽管不参与具体的建筑设计,但是却要参与其中的选择。我们实际上是借助建筑师的力量,来保证项目实施的完成度。我个人对自己的要求,对自己带的团队的要求,更多是在建筑的细部方面。建筑细部中的收口收边都会影响整体建筑的完成度,从这个角度来说,尽管现在看来大华纱厂这个项目中难免还会有些遗憾,但是总体上来说还是非常成功的。

访:通过大华纱厂改造项目,您对于原有工业遗产的重新利用又有了哪些更进一步的认识或者说是认识上的转变?

谈:对于改造项目中原有的东西是拆了重建还是保留,怎样去保留,如何去使用,这是我一直在思考的问题。今年5月1日我又到大华1935里面去走了走,发现那里已经变得非常吸引人,在那里可以看到人们的时尚和活力在大华纱厂中展现出来,这个地方也得到了市民的广泛认可。所以说通过参与到大华纱厂项目的改造,可以明显地感到工业遗产如果能够成功的重新利用,那么它对于城市和人们的生活来说其实是能带来巨大的贡献和活力的。

最后我一定要再次感谢你们这个设计团队,我看到即使在后期招商过程中你们也愿意配合很多的工作,甚至不辞辛苦地帮助我们选择橱窗中的图片,这并不是任何一个团队都能够做到,令我很受感动。同时,我们在整体配合中十分顺畅,也是因为你们这个团队在工作中认真追求每一个细节,这些点滴的努力汇集在一起,成就了最后作品的完成度,也让我们双方找到了共同的价值。我希望今后所有大华1935的使用者都能够尊重设计师的设计和理念,以及我们双方共同努力所实现的改造成果。

访谈时间 2016年5月

访谈四

与设计师一起努力

苟爱芳 西安曲江城墙景区开发建设有限公司副总经理

访：因为您在项目建设过程当中是最重要的建设负责人之一，那么作为大华改造项目的具体建设者，同时也是有结构专业背景的项目负责人，面对这样一个有历史、有规模的工业建筑及遗产改造项目，您觉得在它的建设过程中与您之前参与过其他类型的工程项目相比较，有哪些不同之处？

谈：对于这个问题我的感触应该是最深的。在崔愷院士和他的团队开始进行大华纱厂改造设计的时候，作为我们团队的所有人对这种会产生很多拆改工作的项目其实比较缺乏建设经验的，所以从拿到设计图纸到进驻施工现场，这整个的过程中可以说我们在消化建筑师理念和设计的同时，也逐渐参与到了设计的工作中去。因为改造项目并不是拿到图纸就马上直接施工，还需要拿着图纸和现场建筑状态、结构构件及基础等情况，进行认真核对后来确认设计是否能够顺利实现，这应该算是和一般新建建项目差别很大的方面。所以每个节点甚至每个构件的改造和施工，我们从施工图的读图、到施工单位的施工、再到最后的安全性到验收，都必须更加全面的参与其中，所有这些工作也让我们自己收益颇多。在整个改造过程中，借助设计师们的力量，我们参与建设的团队，在技术方面见识到了很多在改造工程中必不可少的施工手段、施工工艺，也最终把它们全部应用到这个项目当中。

访：那就请您具体谈谈在改造建设过程当中克服了那些难点？其中印象最深的是哪个部分？

谈：大华纱厂改造项目中，印象最深的施工难点是当时一期生产厂房中部标高13米的屋顶钢结构施工。这个地方施工是有一定的技术难度的，崔愷院士的团队从建筑设计的角度要求面向城市侧的悬挑部分不能有竖向支撑，所以从有三个竖向支撑，到两个，到一个，再到最终实现的没有竖向支撑，经过了多轮的技术方案论证，我们一起让专家出主意想办法，通过结构师精密的结构计算最终得以实现。没有竖向支撑的结构方案，依靠悬挑要克服风荷载、雪荷载这样的外力，在结构设计上还是属于比较大的突破和创新。我们的施工单位陕建总公司在施工过程中也努力将其实现，经过钢结构安全性鉴定，这部分的结构还是很可靠和稳定的。

另外，这个项目的建设过程中，总会不断有新的发现和由此带来的惊喜。由于工厂的历史比较长，在施工的过程中，会陆续发现墙壁上“文革”及“大跃进”时期留下来的壁画、标语，还有当时民国时候留下来的历史印迹。我们在现场，在施工过程中，把这些元素尽可能地保护下来了，并和建筑师一起努力，通过设计的修改将它们充分地呈现出来，让更多的人能够看到。现在回想起来，这其实是一件令大家很有成就感的事情。

访：接着这个话题，想请您再谈谈在施工过程当中，面对施工现场不断出现的新问题、新发现、新情况的时候，是如何与设计方一起努力配合解决的？

谈：大华纱厂的改造工程，按照它的规模和投资额去类比一个新建项目的话，其实很快就应该可以完成的。但这个项目从建设开工到改造基本完成大概历时了近三年时间。为了实现崔愷院士团队的设计方案，我们对现场的每一组建筑都详细地进行了技术和施工方面的可行性研究，并与设计师反复沟通和确认后才进行施工；对于现场中出现的问题，我们与设计团队采用了随时发现问题，随时沟通的方法；通过不断地现场设计和配合去积极面对问题，化问题为再设计的契机，因此这些工作也花费了最多的时间，甚至堪比具体施工所用掉的时间。这个项目之所以能在西安市乃至全国都能成为一个具有影响力的改造项目，也是因为和崔愷院士的设计团队以及其他各专业设计团队的共同努力，同时还有施工单位的通力协作，才得以最终的实现。

访：那您对项目最终完成的情况有什么样的评价？

谈：对于这个问题其实我更关心崔愷院士、各设计团队在做完这个项目之后对我们的工作有什么的评价。如果是让我自己评价这个工作，我想把它分为一期和二期两部分。我们目前完成的是一期的工程，就是总体改造的这部分。而作为二期的部分，是结合商业运营的半室外及室内的精装修等工程，目前为止由于招商的原因，这部分的工作我们还没有完全实施。对于一期的工程来说，我们的团队是秉承着大师的构想和设计全面得以实现的原则，以我们最大的财力、物力、人力，去保证项目的实施。至于现在的结果，能够给予每个走进大华1935的人一份具有历史感的馈赠，并使人为之触动，已经是我们很欣慰的了。同时我也想说：如果有机会能继续参与刚才所说的二期工程建设的话，我会努力把一期建设中有缺陷的地方也一并完善好。

访：通过大华纱厂改造项目，您对于原有工业遗产的重新利用又有了哪些更进一步的认识或者说是认识上的转变？

谈：坦率地说，接到这个项目的时候，我和我的团队认为它就是一项工作，然而在完成之后，我们所有人都认为它是一份很有价值的工作，甚至也是在我们职业生涯当中很有意义的一段经历。改造后的大华1935是城市的、文化的、大家的；它已经不仅仅是一个项目这么简单，在很多方面也实现了一些我们对于城市和建设的理想。所以我特别想说，如果还有机会参与到类似的改造项目中，无论它有多难、多复杂、多琐碎，我仍然很愿意贡献我的一分力量。现在我觉得这个项目在未来要加快运营，把文化名片及品牌效应传播到西安市、陕西省乃至全国，甚至是更远的地方，这也是现在的运营管理团队要继续去努力的事。

总的来说，作为大华纱厂改造的执行团队，参与过此项目的同事都有共同的一个想法就是：作为建设行业的从业者，如果一生当中能完成一到两个这样的项目，个人的职业生涯就更有意义了。（笑）

访谈时间 2016年6月

卷肆　重生

2010年4月 改造开始前

2012年12月 改造过程中

2014年2月 改造完成后

Old
World

一期生产厂房中庭空间使用设想图

二期生产厂房中庭空间使用设想图

生产车间创意商业空间使用设想图

老布厂创意商业空间使用设想图

访谈五

改造的五方面价值

胡杨 西安曲江大华渥克文化商业管理有限公司董事长

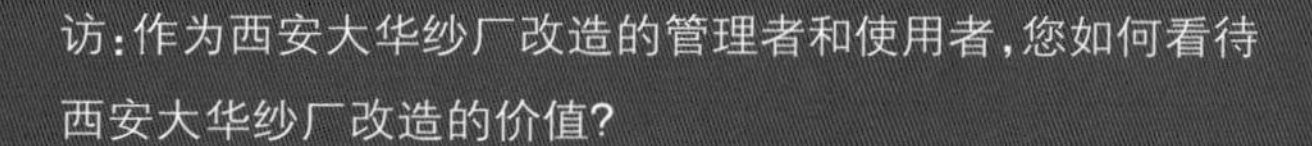

访:作为西安大华纱厂改造的管理者和使用者,您如何看待西安大华纱厂改造的价值?

谈:这个问题也是我经常思考的,现在的回答只能算是阶段性的答案。这个项目我是2011年介入,在了解大华纱厂的历史后,我们一个朴素的想法是要把厂区整体上先保留下来。2014年国家文物局历史名城委员会的西北片区工业遗产分会召开,当时原本是准备把分会场放在西安建筑科技大学,我们得到消息后及时联系了清华大学的刘伯英老师,他看完大华纱厂后很是吃惊,说没有想到西安有这么高质量的工业改造项目,后来就把会议的开幕式放在我们这里。会议论坛上充分的沟通和讨论了大华纱厂作为工业遗产保护的价值,总结下来主要体现在5个方面:(1)历史文化价值——从石凤翔建厂开始、抗日战争被日军轰炸,新中国成立之后作为陕西轻工业纺织企业的龙头企业,到最后面临政策性破产,这些都是历史和文化的记忆,属于工业遗产的历史价值。(2)艺术价值——从20世纪30年代、40年代到90年代,不同的建筑形态都集中体现在大华厂区,建筑群有多种多样的风格和面貌,这在西安已经很少能见到了,同时我们在老南门区域看到的简化的欧式门廊、传统的砖雕、书法作品、文革绘画,这些都是具有艺术价值的;然后就是崔愷大师及其设计团队的改造设计,他们的设计侧重于原有与改造的新旧对比,也体现出一种了有当代性的艺术价值。(3)科学价值——大华纱厂记载了近代工业以纺织为代表的工业文明,书写了工业的发展历史;20世纪30年代到90年代的机器设备和工艺的保留,体现了当时生产水平的科学价值。(4)经济价值——工业遗产保护和大明宫地区的大遗址保护不同之处在于工业遗产不仅仅是保留和陈列,还需要再利用;能够重新被人们利用就会有经济价值。(5)社会情感价值——大华纱厂承载了西安市民的情感记忆;保留工业遗产就是保留人们的记忆;情感是需要记忆的物质载体来呈现的。这些方面就是大华纱厂改造所具有的价值,我们也在项目的管理和使用中不断摸索和展现刚才提到的这些所有的价值。

访:通过对大华纱厂的逐渐了解,您觉得大华纱厂改造与您所知的其他工业遗产的改造相比有何不同之处?

谈:中国的工业遗产保护起步于2002年,到现在也就是十几年时间。大华纱厂这个项目是我们曲江团队所做的第一个工业遗产保护项目。在改造前我们对北京、上海、广州、成都等当时重要的工业遗产保护项目都调研和探访。从现在的情况看,在全国范围内目前还没有和我们完全类似的项目。大华纱厂改造的特点是:第一、产权统一,这是很重要

RELOAD
EX
HIBI
TION
SONOR
B.N.TEAM

的一点；北京798工厂和上海的田子坊等改造，由于历史的原因产权比较复杂；大华纱厂的产权从一开始就是由西安市政府统一划拨给曲江管委会的。第二、系统规划；由于产权统一，因此可以有主导性的开展比较系统改造规划；这也是我们这个项目的优势。第三、跨界融合；我们看到北上广的工业遗产保护项目后大致分类为：第一类纯商业改造，基本无法辨识工业遗产的根基和原貌了，典型例子如北京的翠微商场、双安商场等改造；第二类是文创艺术园区，如北京的798工厂、广州的康佳厂区、上海的M50；第三类是写字办公园区，例如上海8号桥、北京京棉二厂、西安老钢厂等改造。纯商业性的改造其社会效益比较单一，对工业遗产保护也偏弱；文创艺术园区，艺术家先聚集，但是发展到一定程度，艺术承受能力和业主之间冲突，会使艺术家无法维系，然后被迫离开；办公园区体现文化地标效应明显，但公众分享相对较弱。因此我们在大华纱厂的改造中尝试的是文化与商业的跨界融合——保护工业遗产，传承文化；同时我们希望自己通过商业上的经营实现自我造血，以改造带来的经济价值支撑自身的文化使命，这是我们这个改造项目与其他同类项目最大的不同。

访：目前对大华纱厂都开展了哪些方面的使用？后续还将在哪些方便进行进一步的完善？

谈：大华纱厂改造的定位是文化与商业的跨界融合，以文化为魂，文化与商业齐步走。2013年10月份改造工程初步完成时，大华纺织工业博物馆率先对外开放。小剧场也在当时投入使用，迄今演出200多场次。锅炉房区域改造后的空间吸引了像捷豹汽车等高端品牌在中国大陆第一次商业发布会，形成具有文化色彩的商业行为。现在我们在周末和节假日都有文化聚集活动，这些活动在西安市影响力很大。网友纷纷把大华1935评论为西安最具文艺气质的地方，甚至说有一种气质叫“大华1935”（笑）。现在我们正在加紧后续的招商工作，最终实现文化、休闲、旅游、美食等多样的城市功能融合在这片有历史氛围的工业厂区之中。

访：对于西安大华纱厂改造的使用方面，您现在都有哪些心得和体会可以分享？

谈：我们一直讨论说城市记忆要温度，就要有情感的存在和延续。情感能够触动人内心最柔软部分。大华纱厂自身和它的改造过程中很大程度上激发人们内心的情感。我们团队年终大会的主题就是一个字——爱。我们会发自肺腑地产生对大华的爱，这个情感也能引起共鸣，引起市民和游客的共鸣。同时，我也想说保护和改造中我们也需要有开放的心态和胸怀。大华1935不是属于某一个机构、某一个区域，大华1935是工业遗产，是属于全社会的，我们不是主导者，我们不是规则制定者，我们要做真正的守护者，守护好大华1935。我们做得比较慢，就是希望在没有考虑周全的情况下，先做空白，等待对这个改造考虑更清楚的团队和人出现。我们先做好这个工业遗产再利用的平台，然后逐渐把西安、国内乃至国际的上有影响力的、有聚集效应的项目和资本吸引到一起，产生新的价值。

访：通过大华纱厂改造项目，您对于原有工业遗产的重新利用又有了哪些更进一步的认识或者说是认识上的转变？

谈：我们最初是充满自信地介入大华纱厂的改造中去的，我们希望能主导改造的推动；做了这几年以后，我们逐渐回归到小我，也就是说要尊重改造的设计、真正的爱护遗产、挖掘其内涵和价值。守护是最重要的，而不是过度介入。将来以后如果还能继续参与到另一个工业遗产保护和改造中去的话，我想我们会更加重视前期定位和策划；更加注重历史及情感记忆的挖掘；让策划和设计团队充分结合，保留原真的东西，并在后期的利用中让它们的价值发挥到最大。

谈：最后我想借这个机会表达自己在几个方面的感想：

首先一个方面是关于崔愷大师及他的设计团队对这个项目的意义。记得刚来到大华纱厂的时候，这里很多地方荒草丛生，林立的车间之中也是昏暗闭塞；很明显对这样的工厂进行改造是一个很有难度的挑战。因此我想说崔愷大师及他的设计团队的工作和付出对这个项目的意义是非同寻常的——崔愷大师依靠自己专业上的眼界，为改造定下了重要的基调和策略；他的团队也表现出了很好的职业素养和责任感。他们的工作按合同的约定在改造结束的时候就履行完了，但是他们仍然一直关心和支持这个项目各个方面的进展。到招商阶段我们遇到任何问题打电话，他们都会积极配合，甚至回到现场指导；崔愷大师也经常利用来西安出差的机会继续给我们提出很有价值的建议和意见。通过这个项目的合作，我们和他们就像是一家人。正是有了他们一直以来的付出，让我们也对工业遗产的保护和再利用有了更清晰的认识。对于这个改造项目的成功实现，我想再次向崔愷大师和他的团队表示感谢。

另一个方面是我们正努力让各种艺术和文化的力量在此呈现和聚集，使这里逐渐成为艺术实践的基地，有众多的文化机构和艺术院校都与我们有广泛的合作。同时，我们也很关注文化交流的国际化；2014年我们做了丹麦文化季的系列活动，丹麦文化大臣亲自出席，丹麦皇家芭蕾舞团也在我们的剧场倾情演出；今年我们又先后引进了克罗地亚、比利时等欧洲国家的表演团体的节目，深受人们的欢迎。我想说，这两种文化力量的引入在今后还要继续加强。

最后一个方面是关于大华纱厂未来的使用和发展。我认为大华1935因为具有情感的温度、具有当代性的文化和艺术，所以这个地方能够缓解和释放都市人的压力。我们现在的各种文化活动，以及将来引进的商业内容，都是为了使大华1935的这种功效更进一步，让人们充分地使用和体验现在的建筑和空间，让有新意的生活方式影响到更多的人。

访谈时间 2016年5月

访谈六

城市的珍宝

王泽鹏 西安曲江大华渥克文化商业管理有限公司常务副总经理

访：作为一个加入西安大华纱厂改造后的管理者和使用者，第一次来到大华纱厂的时候，您有怎样的感受？

谈：我第一次到大华纱厂是2013年10月31日，当时下着秋雨，秋叶落下。我当时是从南门进来的，第一次看到现场的时候完全被震撼了。我意识到这里改造后对于未来的使用和城市文化的容纳都会非常强。这里有一种具有历史感的宁静，但又蕴藏着自身所特有的气质。我觉得这片厂区真的是城市的珍宝。

访：随着接触的时间逐渐增加，对改造后的大华纱厂您又有什么新的认识？

谈：在逐渐熟悉和融入大华纱厂改造的过程中，我发现为了这个项目付出心血的人太多了，而且是那种出于原动力的付出。这不同于商业利益的驱动，是把对这个项目的情感放在了这里。这个项目进行了这么长时间，政府的领导，我们公司的领导，他们都在不断告诉我们改造后被称作"大华1935"的这个项目究竟是怎样。随着市场逐步发展以及参加过了很多工业遗产改造的论坛，我们对大华1935的商业和文化的定位也越来越清晰。我们对大华1935的未来定位是文化的高地，是艺术的广场，是孵化的容器，是复兴的土壤。由于看到了工业遗产保护项目的稀缺性，这笃定了我们按照坚持以先保护工业遗产，进而再做有效利用的决心。这个决心来自于一群有情怀的人在做这个项目，胡总曾半开玩笑说，谁爱1935我爱谁。这句话一直印在我心里(笑)。

访：当带着大华纱厂这样的项目去其他的城市做推广活动的时候，都得到了怎样的评价？

谈：对于大华纱厂的推广，我们的原则是尊重市场，也尊重旧工业改造的历史；尊重纺纱工人几代人的情感，也尊重建筑师所做出的努力。我们的长远目标是要让这个项目有国际性，但更要踏踏实实在本地做好，首先成为西安的一张名片。我们要让历史和文化成为这个项目的灵魂，在这个基础上实现商业和文化的跨界融合。我们选择了北京、上海、广州和台北四个城市，开展了关于大华1935这个项目的推广活动，让更多人知道大华，了解大华。从实际的推广来看，大家都认为大华1935是一个很好的文化及商业平台。人们在了解了大华纱厂的改造后，都认为这是一个具有生命力的项目，具有不可复制的独特价值。

访：近期对于商业的招商和使用方面，您和团队会有哪些侧重？对入驻的商家和机构有什么特定的要求？

谈：大华1935项目的招商最重要的要求就是品质，这个品质并不是简单的高大上。因为这里有自己的氛围和文化，那么未来商业的品质需要与我们定位的人群——创意人士，文化艺术群体、众多的年轻人以及所有渴望获得不同体验的人的需求相一致。我们希望他们能来到这里，开展自己的商务工作，或者带家人、朋友停留下来。有品质、有创意的商业功能，在此地与丰富的文化活动相结合，会是大华1935提供给城市一种多元的活力。所以我们的招商是希望以品质为出发点，大家互相选择的结果。我们希望与进驻这里的商家和机构，有共同认知，有长远的合作，一起成长。我们会关注一些刚刚起步，但用心在做的业态，与他们一起面对风险和责任；同时我们也希望我们的平台能够吸引一些渴望进入中国市场的，希望进入古都西安的新锐国际化品牌，为他们提供在一线城市所不能提供的支持和渠道，利用他们的品质来带动我们商业板块的品质。这些都是我们在招商这个方面最核心的诉求。

访：通过大华纱厂改造项目，您对于原有工业遗产的重新利用又有了哪些更进一步的认识或者说是认识上的转变?

谈：如果用纯商业眼光来看，这个工业遗产改造的项目，其实运作起来是有一定难度的。这个项目要得到良好的使用，在功能上一定需要文化和商业很好的融合。我现在是越来越清楚地看到，对于大华1935这样一个独特的项目，不仅要有商业运营的头脑，关键还要有文化艺术方面的认知；同时具备这两方面的人才，方能把这个项目做好。这是我这几年参与这个项目中获得的一点心得。

访谈时间 2016年5月

访谈七

跨界融合的尝试

丁维周 西安曲江大华渥克文化商业管理有限公司文化运营总监

访:作为一个活跃的文化运营负责人,您在接触大华纱厂的时候,有怎样的感觉?并有哪些对于使用上的愿望?

谈:我第一次来大华1935是在2013年底,当时就在老布厂里的这个书吧。随后在参观之后,我发现这真的一个很有分量的工业遗产改造项目。我本身学的是艺术专业,这里所具有的艺术气质和潜力在西安其实是非常稀缺的资源,所以后来我一直对所有身边的朋友推荐大华1935。当时我也在想有机会我一定要参与进来。2016年我正式加入大华1935的团队,我们在整个园区中的剧场、书吧、艺术中心,做了很多的文化艺术活动的尝试。很多在西安的外国朋友也被吸引来,他们都没有想到西安会有这样一个独特的地方。能在大华1935工作,我的感觉是不可思议的,同时我也觉得我们能够利用这里做出些不可思议的东西。

访:改造的西安大华纱厂,对于西安这样一座城市,在文化及相关活动的推动上,都有哪些意义?

谈:我觉得目前大华1935对于西安的最大意义就在于它的唯一性。大华1935是一个文化商业跨界融合的项目,我们所具有的很多机会和潜力是别的地方所没有的。在大华1935有西安最具先锋性的、在车间里的小剧场;在大华1935有西安最好的现场音乐;在大华1935,人们可以拍照、可以看演出、参加书吧的活动、观看艺术展览,在这里可以获得丰富的体验。现在大华1935已经是西安艺术领域从业者必来的地方了。我们真的希望众多的艺术和文化力量都能够聚合在大华1935这个平台之上。

访:您在大华1935都尝试着开展了哪些活动,效果如何?

谈:今年我们把园区的文化资源及规划做了整合,成立了一个文化项目组,这样就能把各种文化活动统筹在一起考虑。项目组里面有负责话剧演出的制作人、有负责音乐的制作人、有负责艺术展览的策展人,所以活动开展不再局限于某一个空间,某一个时间,而是可以联动起来,就像我们今年5月1日策划的72小时青年节的活动。这个尝试非常的成功,我们在72小时之内,组织了街头活动、创意市集、话剧演出、摇滚乐现场、体育运动、动漫艺术6大类22场活动,整个园区打破空间限制,容纳了众多的跨界内容,活动三天时间,大约有三万人参加了我们的活动,这种盛况在西安也并不多见。6月1日的时候,我们还专门准备了为孩子们的演出及针对年轻的父母的互动活动,也是很有意思的一次尝试。

访:通过大华纱厂改造项目,您对于原有工业遗产的重新利用又有了哪些更进一步的认识或者说是认识上的转变?

谈:我自己在为大华1935所策划的各种跨界融合的尝试中收获了很多。我觉得工业空间与艺术文化的结合、与城市生活的结合,的确能产生出十分吸引人的持久魅力。也希望在今后的使用中,更好地总结以往的经验和教训,不断形成属于我们自己的运营和使用模式。

访谈时间 2016年5月

访谈八

亲历重生

郑红 原西安大华纱厂整理车间主任(左图)

访:您是什么时候开始在大华纱厂工作的? 从事的是哪方面的工作?

谈:我是1985年10月进入大华纱厂的,2008年破产改制的时候我是整理车间主任。

访:您对当时在大华纱厂工作和生活的那段时间有哪些比较特殊的印象和记忆?

谈:我刚到大华纱厂工作时,厂区里还保留了很多1949年前修建的车间和厂房建筑。随着80年代末期至90年代初期企业的技术改革,又修建了二期生产厂房,也引进了新的机器,例如喷气织机等。整个工厂纱锭有8万多锭,职工最多的时候5800多名职工,织布机有梭织机1100多台、喷气织机152台,属于大型二类企业。由于大华纱厂当时属于老国企,同事之间关系可谓是亲如家人。虽然工作很累,四班三运转,车间环境高温高湿,可是在下班后大家会积极参与到丰富的业余文化生活当中去,例如歌咏比赛、诗歌朗诵、演讲、交际舞比赛、篮球比赛、乒乓球比赛等。在大华纱厂工作和生活期间,亲身经历并目睹了工厂的改变——从1998年国家限产压锭、纱厂职工分流,一直到2008年大华纱厂政策性破产。这些改变当时对企业,对员工个人的影响还是非常大的。

访:大华纱厂改造初步完成已经有一段时间了,而且您也在2013年之后转岗到改造后的大华1935继续工作,所以想请您谈一谈对大华纱厂改造后的一些感想。

谈:从企业破产到2011年转交给曲江集团,再到改造施工的完成,我有幸一直参与其中。一个老的棉纺织企业变身为大华1935这样的集商业、文化、休闲、餐饮等功能于一体的综合型园区;我个人也从车间主任转岗到现在与文化商业有关的岗位,这些都是以前不曾想到的。改造开始初期,工厂职工会觉得工作了好多年的企业似乎一下子没有了,但随着改造完成后的大华1935展现出来时,大家感到很欣慰,因为改造既把纱厂保留了下来,又让它呈现出更有活力的状态。我前几年在大华工纺织工业博物馆工作时接待过很多游客、专家及普通市民,他们对这个改造项目的评价都非常的高。现在很多学习设计的学生,也经常会由老师带来参观,把这里作为最直接的课堂。每个人在这里都会有自己的体会和收获,我觉得这就是我们大华1935十分独特的地方。

访:通过大华纱厂改造项目,您对于原有工业遗产的重新利用又有了哪些更进一步的认识或者说是认识上的转变?

谈:以前从事生产工作,对建筑遗产的保护并没有具体的概念;直到我转岗过来,随着对项目改造的深入了解,以及与文保、建筑专家的不断交流,让我越发感到工业建筑遗产保护及再利用确实很有意义;我曾经参加过一次工业遗产活化再利用的会议,面对很多同类型的改造项目,我仍然觉得大华纱厂的改造很成功,也很不容易;作为一个大华的老员工由衷希望它能在未来被更好的使用。

杨康卫 原大华纱厂织布车间主任(右图)

访:您是什么时候开始在大华纱厂工作的? 您在大华工作和生活期间有什么特别的记忆?

谈:我是1993年的时候开始在大华纱厂工作的,当时大华纱厂被称为陕棉十一厂,企业的效益还很不错,我当时的工资和我们留在学校、政府机关的同学不相上下。让我印象比较深的是原来企业高峰期的时候有五千多名员工,虽然大家原本不一定能叫上名字,可基本上都知道彼此是哪个部门的,甚至现在大家都还保持着很好的关系;一些老同事的孩子结婚、或者乔迁新居时,我们仍会去表示祝贺,大家一起吃饭。

访:从您的角度来看大华纱厂的改造,对大华纱厂曾经的老职工们来说有什么特殊的意义?

谈:我是在2013年7月的时候转岗到现在的部门的,在这个部门最多的时候有14个老职工一起工作。我们虽然做的只是维持秩序和安保的工作,但我们每天都会接触到新鲜的事情,我们会随着不同的演出及不同的参观群体,看到各种各样的人。以前我们的一线职工,每天的工作就是围着机器转,现在我们每天的事情都是充满变化的。就拿每次的消防演练来说,以前在工厂时,一般也就是放一堆木材,加点汽油点燃扑救一下,可现在每次都会有不同的情节设定在里面,更加接近于实际的火灾现场。这些工作和精神状态的变化,都令我们这些老职工们感觉和以前很不一样,同时我们依然能继续在原来厂区里忙碌,这种感觉还是令人感到亲切和熟悉。当我把在这里拍到的照片发到朋友圈里的时候,依然能够感受到作为一名大华纱厂职工的骄傲。

访:您觉得大华纱厂的改造对西安这座城市有什么意义?

谈:我们之前的同学大多都在国营纺织厂工作,可现在已经基本没有了,因为这样的纺织企业基本上都倒闭重组了。但是大华纱厂的改造就不太一样,企业原厂得以保留,企业的人员很多还继续留用,这种情况不仅在西安,甚至说是在全国几乎都是很少见到的。同时这座工厂能留下来真的很不容易;抗战期间曾经有个内迁到重庆的分厂叫渝大华纺织厂,我有个同学之前在那里工作,但倒闭之后连最初的厂址都没有了;相比来说,西安大华纱厂不仅得到了很好的保留,又通过改造更近一步,能让更多的人来使用,来体验历史,这真的是一件很有意义的事。

访:通过大华纱厂改造项目,您对于原有工业遗产的重新利用又有了哪些更进一步的认识或者说是认识上的转变?

谈:这几年我也去参观其他的一些工业建筑改造的项目,和那些项目相比,大华1935明显更具有浓厚的历史味道,这里还延续了很多过去的面貌,所以我觉得对于重要的工业遗产的改造,应该尽可能地把最有价值的部分保留下来,让它带着充足的历史感,来迎接新的使用和新的转变。

访谈时间 2016年6月

访谈九

每段历史都需要尊重

姚立军 曲江管委会党工委副书记、管委会副主任 西安曲江大明宫投资集团董事长

访：您对大华1935项目的改造是非常了解的，同时对这个项目的后期使用也给予了很多的支持，所以首先想让您谈谈改造后的西安大华1935对整个大明宫区域有什么样的价值和贡献？

谈：不管是大明宫遗址公园也好，还是西安大华1935也好，它们都是我们西安历史文化遗存的一部分，前者是重要的历史文化遗存，后者是独特的工业遗存，它们都代表着或长或短的一段历史，是这个城市区域内不可分割的组成部分。通过大明宫遗址公园，我们可以看到盛唐的气韵；而通过大华1935，我们可以了解到西安近现代历史中的工业化进程；它们都会是使人产生对于城市历史最真切的体验。因为城市的每一段历史都是有其自身的价值的，我们做历史遗产保护的人需要让更多的人知道每一个时期的历史遗存都是有意义的。所以崔愷大师及他的团队所做的大华1935的改造，其自身的价值和贡献就在于此：他们用自己的努力让我们看到我们应该如何用尊重和真诚去面对每一个阶段的历史。当人们去看完作为世界文化遗产的大明宫遗址，再去看西安大华1935的时候，人们会对西安这座城市每一个世纪的历史都有一种敬畏感，都会觉得历史在它们之间是相得益彰的。从这个角度来讲，西安1935与大明宫遗址公园有着一种和谐的共生关系。

访：您刚才已经提到了大明宫和大华1935的关系以及各段历史的关系，从城市的角度看，大华1935本身在西安也是第一个比较完整的的整体改造项目，那么您觉得大华纱厂的改造对于这座城市来说有什么样的价值和意义？

谈：大华纱厂的改造不仅仅是对西安有很重要的价值，应该说在全国都是一个值得我们思考或者关注的改造项目。大华纱厂本身就是重要的民族工业遗存，而在我们以前的城市发展中对这类遗存其实重视却不够，往往认为它们只是些老旧的工厂而已，其中具有怎样的价值并没有被认识清楚。人们总认为在西安谈及历史就都只有周秦汉唐，认为只有那些久远的历史是最重要的。刚才我已经说过其实城市里的每一段历史都有价值，都需要我们去保护。那么大华纱厂的改造对于西安的城市发展来说就是一个具有启发性的尝试，它让我们重新去看待近现代工业遗存再利用，重新去思考那些代表城市记忆的区域到底该何去何从，所以从这角度来说，崔愷大师及其团队的改造设计成果也是工业遗产改造及城市更新领域里一个重要的案例和里程碑。我带过很多政府要人、历史专家、文化人士去改造后的大华1935参观，他们都很受触动，那些保留下来的厂房和岁月的印记，是西安乃至中国那段近现代发展历史的最好代言，这可以算作是这个改造项目最直接的价值和意义吧。

访：其实您刚才已经谈到大华纱厂本身的改造，所以希望您能评价一下大华1935改造后状态？与您所了解的中国其他地方的工业遗产改造相比，大华纱厂的改造与它们相比有什么不同之处？

谈：我认为崔愷大师及其团队所做大华纱厂的改造设计把握了两个原则：第一个是尊重人的原则，他们把过去人们的使用痕迹、将来人们的使用功能都认真地对待，并将此融入他们设计理念之中。第二个是尊重历史的原则、由于充分了解和挖掘了大华纱厂的形成过程，他们把大华厂区的历史和总体格局在改造之中很好地保留了下来。由于把握了这两个原则，使我们看到了在其他地方的近代工业遗存里没有的东西——在大华1935那种让人们对历史的触摸和体验是如此的真切。在他们所做的大华纱厂改造设计中，并没有大面积的拆改原有的建筑，或者做过多新的东西，可以看出崔愷大师提出的策略是很朴实的，他的团队也在细致的工作中，为这种朴实中加入了品质。厂区的每一段历史都通过建筑的保留而被保留了，在那些原有的钢梁、木柱和众多的工业建筑元素之中，改造设计一点一滴的渗透其中，这样的设计方式实际上并不容易，它需要设计师有更多的投入和耐心。所以我觉得这个项目与其他改造项目最大的不同就是在大华1935，人们可以看到设计师及我们对历史的态度。参与到改造中的所有人，都本着一种对于过去和将来的责任心，去开展自己的工作。所以就像人们看到的老布厂中的纺织工业博物馆那样，里面并没有什么奢华，没有特别壮观的东西，但是每一个细节都在力求去展现西安大华纱厂的前世今生，用活生生的建筑去呈现连续的历史。

访：大华纱厂改造完成已经有一段时间了，也希望您能谈谈您对于这个项目在未来使用方面的建议和期许。

谈：面对大华纱厂这样的工业遗产，在未来首先要本着尊重它的态度去使用，同时如何让它与人们的生活和城市的发展结合在一起，这也是个有挑战的课题，尤其在当今信息化时代的快速发展，人们的生活方式也在不停变化的背景之中。所以对改造后的大华1935项目未来的使用上，更需要找到与其建筑风格、规模和体量上都能够吻合的功能和业态设置，形成新的、有创意的使用模式。同时这种使用模式，一定也需要基于市场的需要，不能完全按个人的意愿进行。未来的管理者和策划团队，需要更进一步地深入了解整个厂区改造设计的来龙去脉，并在这个基础之上把建筑的再利用与人们的使用、市场的要求结合起来，在合理的投资范围之内，让大华1935展现出更大的价值。

访：通过大华纱厂改造项目，您对于原有工业遗产的重新利用又有了哪些更进一步的认识或者说是认识上的转变？

谈：工业遗产保护主要是在工业两个字上，而像大华纱厂这样有着80年历史的工业遗产，其实又和一般意义上的工业遗产分量不同，因此对它的保护和尊重是最首要的原则。面对这样的工业遗产改造，一定要搞清楚这段历史和城市之间的关系，它的历史必须在改造设计中得以体现。如果历史不能被人们充分感知的话，它的价值就难以被清楚地看到。同时我还想说，面对像大华纱厂这样的工业遗产，在城市规划的过程中，应该尽早地把它纳入进来，使得它在城市发展的过程中就可以尽早地获得定位，那样的话，对于它的保护和再利用就可以有更充分的时间去思考，改造完之后也就会更具生命力。

访谈时间 2016年6月

访谈十

工业遗产与城市

赵荣 陕西省文物局局长

访:关于工业遗产对一个城市的价值和意义方面,您作为文物专家和文物局方面的领导,请谈谈您的理解和看法? 同时您如何待西安大华纱厂改造其自身的价值?

谈:工业遗产对一个城市来说是很重要的一种文化存在和现象,所有城市遗留下来的文化遗产,包括工业遗产,都是城市文化景观的重要组成部分。由于工业生产在城市化进程中对城市发展曾经起到过很有分量的驱动器作用,因此工业遗产也成为一个城市发展中极具价值的文化遗产之一,是城市发展不同历史时期的重要标志。

陕西是一个历史悠久的省份,西安作为十三朝古都,古代城市遗产非常丰富,然而在近现代的发展进程中,工业遗产的价值也是不可忽视的,因为工业的发展对这里的城市空间结构布局的形成起到过主导作用。这个过程尤其以纺织工业为代表,其对城市骨架的拉大,对城市产业的布局和城市结构的塑造都起到了很大的影响。大华纱厂作为陕西纺织工业最早的标志性企业,它的存在和保护对于完善和丰富陕西的、特别是西安的城市文化遗产,意义非常重要。从西安的城市发展来看,20世纪50年代以来,在国家的重点工业布局中,纺织工业是西安城市发展及关中地区城市发展的一个重要的城市现象,不论是西安还是咸阳,特别是以西安的东郊纺织城为代表,均形成了大的纺织工业文化区。这一切都与以大华纱厂为代表的早期纺织工业基础密切相关的。从这个意义上讲、从文化的传承和状态的保留上来讲,大华纱厂的保护及改造对西安自身文化遗产的整体保护来说意义也非常重大。

访:大华纱厂的保护和改造一直是在陕西省文物局和您的关心和指导下进行,到现在为止历时近五年,因为您也很关注项目的进展,所以想让那您谈谈对现在大华纱厂这一工业遗产保护和改造的完成情况有怎样的评价和期许?

谈:大华纱厂作为近现代早期的工业遗产,其发展过程是特殊而完整的,从1935年建厂到改革开放后一直延续地生产和使用,这使得工厂的空间状态以及工厂发展过程中的非物质文化遗产要素都十分丰富。从现在改造之后的情况来看,我觉得从厂区整体建筑空间格局和形态的保护,到非物质文化遗产材料的搜集和传承,大华纱厂的工业遗产保护工作做得都很到位,对这个项目我也是比较满意的,因此我们将其确定为省级文物保护单位,也将大华纱厂的博物馆作为一个重要的工业遗产博物馆来对待。我觉得大华纱厂改造和工业遗产保护工作成果主要体现在如下几个方面:(1)保留了整体空间格局和重要的单体建筑;(2)注意收集了同时期的工业遗产中的机器和工具等资料,在展览陈设方面较完整地表达了近现代纺织工业在西安的发展过程;3、通过搜集文献资料,把非物质文化遗产管理的状态表达了出来;(4)项目改造使大华纱厂这一工业历史遗产得以活化,工业遗产自身作为一个特殊的历史性文明载体,它给当代城市文化生活提供了新的机遇,改造中增设的小剧场及道北群众相关的文化展示及时尚的生活空间得以将现代的生活方式纳入历史的工业遗迹中,这一点也做得很有意义。

从长远发展来说,我希望大华纱厂能成为陕西、关中地区和西安的,代表中国纺织工业发展过程的文化标志和地理标志。大华纱厂作为西安纺织工业的起源和代表,对后期西安东郊纺织城建设,咸阳的纺织工业建设、宝鸡的纺织工业建设以及未来的棉纺基地的建设过程都有着很大的影响,希望这些内容能够更完整的在大华1935项目中体现出来。纺织这个产业,尤其与棉花有关的纺织产业从明末清初在陕西关中地区大量发展起来,直到改革开放后的20世纪末在这一地区就逐步消失了。在过去三、四百年的时间里,其实正是一个棉花产业和纺织工业的兴盛、鼎盛到消亡的过程,现在我们保留下来的大华纱厂,正好集中和完整地将这段历史纪录了下来了,如果将这份重要的历史价值更进一步地深入体现在展示及展陈中,那么大华纱厂及纺织博物馆应该有机会成为陕西甚至全国纺织工业发展的一个缩影,这也将提供给这个项目一份重要的标志性,因为它的意义会远比其他的纺织工厂遗产更为深远。

访:陕西省是文物大省,尤其是在大遗址保护方面在全国有很大的影响力,西安、宝鸡、咸阳等地也已经开展了很多工业遗产保护,最后想请您谈谈陕西省在未来关于工业遗产方面还有哪些规划和展望?

谈:陕西的古代和农业文明遗产非常丰富,但是工业起步比较晚,在新中国成立后,国家的重要工业建设项目在陕西发展很快,从第一个五年计划开始,纺织、军工等大型企业就开始在陕西地区布局。从产业上来说,陕西省的工业发展规模较大,无论是交通、基础设施、还是军工方面都具有一定的标志意义,在全国也很有影响力。所以我们也很重视这些工业遗产的保护,现在已经成立了专门的工业遗产研究机构来加强研究和保护工作的力度,并已经完成对陕西工业遗产的普查,分门别类地把具有标志性、可作为保护对象的工业遗产列出了清单,计划以后分布对一些工业遗产进行保护。以纺织工业遗产为例,从大华纱厂保护开始,现在又着手对西安纺织城、咸阳纺织基地、国棉七厂等项目进行保护。另外,在交通工业遗产方面,对宝鸡穿越秦岭的第一条电气化铁路开展保护;在军工企业方面,过去山里的工厂都逐渐转移到城市里,留下了很多具有标志性的厂房,甚至像抗战时期路易·艾黎所建立的工合组织的遗址现在也开始在做相应的保护。总体来说,我们对陕西工业遗产已经做了相对清晰的摸底,之后会从不同的行业逐步去开展细致的保护工作。针对陕西这个历史文化遗产大省,在工业遗产方面,我们会更加重视把重要发展阶段的标志性建筑、文化及工业遗产保留下来,让城市的记忆更加完整,让城市的发展和进步也能找到历史发展的根基和依据。

访谈时间 2016年9月

访谈十一

城市的织补

屈培青　中国建筑西北设计研究院总建筑师 屈培青工作室主任

访：您作为一名非常资深的，并长期在西安工作和生活的建筑师，您觉得西安大华纱厂的改造对于西安的城市建设及建筑设计领域有哪些意义？

谈：大华1935改造项目对于西安来说很重要也很特殊，因为这个改造项目很好地保留了原有老厂区的城市肌理和尺度，延续了西安这一处独具特色和历史的城市区域的风貌。

当前，中国的城市建设已经从加速城市化扩张向旧城更新方向转化。过去快速的城市发展最大的问题就是不尊重原有城市肌理和城市风貌，很多老房子和遗迹都被随意拆除，很多新建建筑的规模、尺度及形态又过于陷入自我的设计，这些最终导致城市的空间序列和城市风貌被破坏了。现在逐渐被大家所认可的"城市织补"概念就是在尊重和保存旧有城市肌理的前提下，谨慎地把新的功能、需求、建筑和空间织补进原有整体的城市构架中去，是一种有机更新的理念。城市的构架指的是城市大的空间格局，例如，北京老城区的四合院和胡同的四方形街巷空间就是典型的城市构架，这些城市肌理就如同叶子的经络一样，不应该轻易破坏。城市织补可以拿掉或修复旧城中一些破败的建筑，再根据现在新的需求把新的元素和功能植入进去，只要不破坏整体的城市风貌和空间构架，接下来才是去谈建筑单体本身的形态等问题。做个比喻，城市的一些重要建筑和地标建筑是城市的红花，要讲个性和风格。而城市里的大量性民风建筑就像城市的绿叶，要讲共性和风貌。绿叶出现问题需要去修复，而不要全剪掉再放入所谓的红花，否则城市面貌就被杂乱的红花破坏了，与之有关的城市记忆也难以延续。我自己的团队现在更关注于旧城保护类的研究和设计，所做的大量民风建筑也是遵循这些关于城市的原则。

访：您如何评价崔愷院士和他的团队针对大华纱厂提出的改造策略及所作的改造设计？

谈：崔愷院士及其团队做的大华1935改造设计，首先题开得非常准确，在保持老厂区的建筑风貌和空间状态的前提下，使原有的历史文化要素得到很好的传承；并在完好保留的厂区格局的基础上，使新建和改建的部分非常谨慎和得体地植入其中，其形态、尺度和功能设置都经过了精心考量，可以说这个改造项目是体现谨慎的城市织补和有机更新理念的一个优秀实践案例。

设计很好地尊重了历史文脉和城市肌理，从传统建筑中去寻找古城建筑素朴的文脉与苍古的意境，挖掘和提炼出建筑文化及建筑符号的逻辑元素，将这些资源通过剖析、割裂、连续整合到现代建筑中形成新的秩序，并从现代建筑中折射出传统建筑的神韵，追求神似，使建筑的总体构思、空间序列、建筑尺度、单体风格以及材料肌理与传统建筑相和谐，在尊重历史而不是模仿历史的同时，赋予它新的气质和含义。

在这个项目中能与崔愷院士合作，我们也非常荣幸。崔愷院士是国内建筑界的领军人物，我们在合作中学到了很多，也更加促使我们去不断探索与解读西安的地域文化和历史。在参与施工图深化设计的阶段中，我要求每位建筑师务必从历史、文化、构思、功能、材料、构造和尺度等各个方面去理解崔愷院士团队的设计意图，避免施工图设计和工程实施中出现设计深化上的偏差。

访：作为施工图深化设计团队的主要负责人，您觉得大华纱厂改造的施工图深化设计与其他建筑的施工图设计相比，有何不同？

谈：大华纱厂改造施工图深化设计对我来说的确很特别。首先我和崔愷院士年龄相仿，都是20世纪50年代生人，对那些厂房建筑印象很深，也很有感情，所以我也是带着情感来参与到这个项目的。当年我的家庭是1955年从上海华东院支援大西北来到西安的，与大华纱厂的很多工人们有相似的背景，中学时代我还在大华纱厂学工劳动过，正是由于这些经历，我对这里有一种特殊的亲切感，所以体现在设计中就是希望尽量不要破坏过去的建筑、空间和细节，不去破坏那种历史的氛围，留住乡愁和记忆。

从技术上讲，这个项目的难度也体现在结构加固上，因为改造中结构抗震加固很重要，而作为一个改造项目，对于保留建筑既要保护又要加固，那么用什么样的结构加固手段能最大限度地减少对原有建筑状态的破坏，这些都依靠建筑师和结构师在设计过程中不断到现场调研和反复商讨并优化设计。

访：您觉得改造后的大华纱厂呈现的效果与您当初参与到这个项目时的预期相比是否一致？

谈：我认为整体来看建成后的效果是很好的，对于改造项目，新建部分和保留部分要做到保护、传承、创新，保护部分一定不要破坏，创新部分通过协调对比与保护部分有机结合。崔院士在创作过程中，对这两个原则把握的非常恰当。我也认为对于改造项目，新建部分和保留部分需要形成明确的对比，新的做得越精致，这种对比就越强烈。从这个角度上说，在大华纱厂的改造中，新建部分的呈现上还是比较令人满意的，但是很可惜的是当年的很多建筑工艺，像剁斧石、水刷石等已经很难再找到工人能做出那时的水平了，也让我们在加固时希望能维护好原有的建筑外墙效果方面遇到了一些困难。这种情况也让我越发觉得，对于这些有时代特色的建筑工艺的承继和恢复，也是我们今后需要关注的问题。

访：最后想请您谈谈对改造后的大华1935项目未来的展望。

谈：这个项目的改造总体上已经完成了，下一步很重要的内容就是业态和使用。我也希望看到一些带有过去文化痕迹的业态能够进驻其中。如果甲方和使用方在业态运作上继续努力，相信最后使用的人会有很多良好的联想和跨越时空的特殊体验。这就像如同把陕西最有特色的非物质文化遗产——华阴老腔与现代的摇滚乐结合在一起，既保留了传统和历史的元素，又提供了大家更丰富的体验，使更多的人能更好地理解和感受到大华纱厂这一工业遗产改造项目作为城市织补范例的意义和精华所在。

访谈时间：2016年9月

西安大华纱厂改造

总用地面积　89922平方米

改造前总建筑面积　89050平方米

改造后总建筑面积　84790平方米

设计时间　2010年11月至2011年9月

建设时间　2011年7月至2014年2月

后记

结束的开始

王可尧

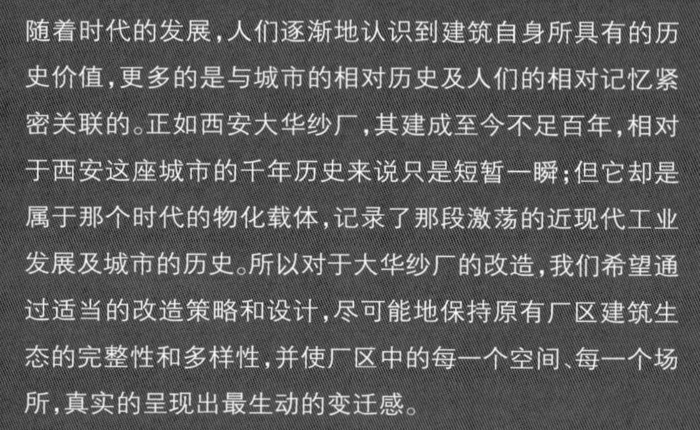

随着时代的发展，人们逐渐地认识到建筑自身所具有的历史价值，更多的是与城市的相对历史及人们的相对记忆紧密关联的。正如西安大华纱厂，其建成至今不足百年，相对于西安这座城市的千年历史来说只是短暂一瞬；但它却是属于那个时代的物化载体，记录了那段激荡的近现代工业发展及城市的历史。所以对于大华纱厂的改造，我们希望通过适当的改造策略和设计，尽可能地保持原有厂区建筑生态的完整性和多样性，并使厂区中的每一个空间、每一个场所，真实的呈现出最生动的变迁感。

正因为如此，在改造开始之前，我们仔细地去调研厂区内每一栋建筑的状态、去挖掘厂区内每一个角落里蕴藏的历史、去关注厂区内每一处由于经年累月生产留下来的痕迹，由这些从现场探寻出的脉络，以崔愷院士提出的“本土设计”作为共同理念，谨慎地展开改造设计。也正因为如此，在设计完成后历时两年多的改造过程中，我们会屡次根据改造施工过程中不断的意外发现，如某些藏匿的特色空间、写有标语的墙面、具有生动印迹的角落及某些之前未被察觉的景观视点等，反过来对设计进行有针对性的修改和调整，甚至取消部分的设计。

所有这些工作和努力，都是为了使整个厂区真正表现出一种过去、现在和未来之间相生相伴的时间关系。而对于建筑空间的体验、对于历史记忆的回溯以及对于城市生活的展开，都是通过这种关系得以产生和实现。这是我们对于西安大华纱厂改造的出发点，也是最终希望达到的目标。

而现在，我们欣喜地发现：这个改造后被称作“大华1935”的地方，因为它所呈现出来的时间感和历史气息，被越来越多的人所知晓、所关注、所喜爱，有越来越多的文化艺术活动在这里生发，有越来越多的特色商家和机构准备在此扎根。这个时候，我们觉得有必要来编辑一本关于西安大华纱厂改造的书，让人们更好地了解关于这个命运不凡的老工厂的历史和过去，更好地了解如何通过我们的设计、改造及所有人的共同努力实现了大家所看到的重生。

在这片重生后的老工厂，精彩的生活才刚刚开始，相信未来还有无限的可能将在这里产生；同时对于后续的管理者和使用者来说，也还有许多更进一步的工作和努力需要去做。而对于我们来说，将会一如既往的、带着深深的情感，满怀期待地关注着它，并在需要的时候继续贡献我们的力量；当然我们也会从在这里的设计中汲取经验，获得力量和信心，去面对今后中国城市更新中越来越多的改造命题。

西安大华纱厂的改造虽然结束了，但这个结束却意味着一种新的开始；同样对于这本大家尽力完成，却也尚不完美的书来说也是如此。

最后再次感谢参与、并为大华纱厂改造付出过努力、心血和汗水的各方团队和所有的人们！同时也感谢在此书编辑和出版过程中参与、帮助和支持过我们的每一个人！

2016年8月

西安大华纱厂改造参与方及人员名单

2010年至2014年大华纱厂改造甲方团队及主要参与人员：

西安曲江大明宫投资集团总经理 倪明涛

西安曲江大华商业运营管理有限公司

董事长 潘刚 总经理 王士华

西安曲江城墙景区开发建设有限公司

副总经理 崔宣 苟爱芳 行政部副部长 章寒梅

前期部部长 李成 营销策划部副部长 张鹏

设计部副部长 蔡惟悦 工程部副部长 魏月飞

大华纱厂改造设计团队及主要参与人员：

建筑设计团队 中国建筑设计研究院 本土设计研究中心

设计主持人 崔愷 王可尧

主创建筑师 Aurelien Chen(法国) 张汝冰

刘洋 高凡 曹洋

景观设计师 冯君

建筑及设备专业施工图设计团队：

中国建筑西北设计研究院有限公司

项目负责人 屈培青 张超文

建筑专业 崔丹 魏婷 王婧 白雪 魏婷(小) 司马宁

给排水专业 郑苗 王璐

暖通专业 毕卫华 郑铭杰 刘刚 陈超

电气专业 季兆齐 李寅华

结构专业施工图设计团队：

西部建筑抗震勘察设计研究院

张耀 李皓 刘力平 王国彬 潘宏 王继秀 张杰

西安建筑科技大学建筑设计研究院

董振平 王顺礼 王应生 王忠文 段留省 谢耀魁

景观专业施工图设计团队：

西安建筑科技大学建筑设计研究院

建筑景观专业 姚慧 王健麟 杨洪波 张晓瑞

给排水专业 陈建华 蒋友琴 电气专业 刘英 鲁娟

景观照明设计团队：

陕西大地重光景观照明设计有限公司

项目负责人 梁多

主要设计师 宋东阁 刘高峰 高玲 张里 沈利伟

大华1935纺织工业博物馆展陈设计团队：

广东省集美设计工程有限公司

设计主创人员 邵战赢 卢正鹏 劳健聪 朱碧伟 李晗

李郁亮 梁建威 邹帆

大华1935小剧场室内设计团队：

西安市建筑装饰工程总公司

设计主创人员 赵凡 郭莘 王昆 冯鹏力

大华精品酒店室内设计团队：

西安市蓝码克装修工程(集团)有限公司

施工单位：

陕西建工集团总公司

陕西古建园林建设工程有限公司

改造后的大华1935项目管理和运营团队：

西安曲江大华渥克文化商业管理有限公司

西安大华纺织工业博物馆

附录

一个法国建筑师的改造感言

Aurelien Chen (陈梦津)

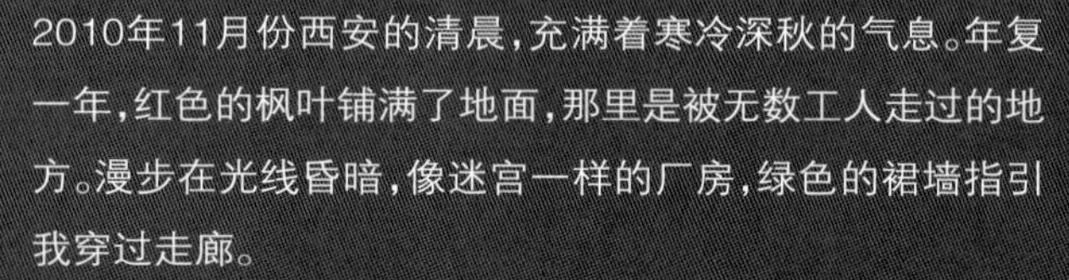

2010年11月份西安的清晨，充满着寒冷深秋的气息。年复一年，红色的枫叶铺满了地面，那里是被无数工人走过的地方。漫步在光线昏暗，像迷宫一样的厂房，绿色的裙墙指引我穿过走廊。

沿着那些神秘的墙体继续向前走去，我打开一扇门，时间仿佛静止了——桌子上的日历，墙上的日常守则勾起了我对这里历史的想象。再打开另一扇门，眼前巨大的仓库令我惊讶了，一束温和的光从屋顶照射进来。尽管这里十分寂静，我还是能清晰地感觉得到无数个平行排列的机器运作的声音。另一个旧一点的仓库，我也能同样感觉到无数的机器和忙碌的工人在这里工作着。目光移到荒废的绿色墙裙上，褪色的红色文字使我回想到过去这里的点点滴滴。他们或许有他们自己的故事，但是此时此刻我能深切地感觉到这里的人曾经经历过的战争和政治时事。

大华纱厂里的厂房随着时间的流逝，一直在变化和重建，这都是为了去适应新的时代和需求。在没有城市规划的基础上，新的元素被添加上。尽管这些元素被随意地添加上，我还是能感觉到这里隐藏的美学存在着。它的灵魂不会随着时间而改变。

当我回到北京开始工作，开始去想应该如何使用正确的建筑学和城市策略去改造这里。我想厂房的改造应该遵循新的时代要求，但是我不想破坏它过去的记忆和历史的气息。然而城市规划不允许它变成博物馆。每个城市都有自己重建的周期，大华纱厂是属于其中的一个项目，我们必须令它重生。

哪些东西妨碍着建筑的实施?多少破坏我们能承受?多少东西我们可以添加?我们应该选哪种建筑语言?什么程度的对比我们可以接受?我们应该改变多少旧的厂房去适应城市的结构?要怎样才能保护建筑的一致性? 我们的策略是明确历史的踪迹，转换它们的重要元素让它们变成当地的地标，身份的标志。

什么可以被认为是追溯? 追溯的概念又是怎样展示出中国的传统? 这些概念的追溯又将怎样延伸到建筑和城市呢? 随着中国的城市发展，大量破坏原有的建筑策略被实施。所以大华纱厂改造项目对于身为建筑师的我们有很大的挑战性。对于客户和将来的厂房使用者，保持对历史的追溯作为新发展的基础也是一个大的挑战。他们将要接受技术的约束，适应他们标准的商业惯例。

这个项目是我们对于发展中的中国城市的提议。我们希望人们可以用新的方式体验他们的城市，用旧的、荒废的墙，提供给他们视觉上的故事。

2016年8月

(高宁 翻译)

-Xi'an. October 2010. It is a cold Autumn morning. Years after years red leaves cover Dahua Factory's floor that was once covered by the steps of hundreds of workers.

Roaming through the dark maze of the factory, a dark green stripe guides me from one corridor to another. I go deeper in the secret walls of Dahua. I open a door. Time seems to be suspended. On a desk there is an old calendar. The work planning of the week is still hung on the walls

I open another door and discover a surprisingly huge warehouse. A gentle but generous light comes from the roof. Despite the immaculate silence I can still hear the noise of hundreds of invisible machines, perfectly aligned in rows.

I get into another warehouse, older. I can still feel the invisible machines and the workers standing next to them. On the dilapidated walls, above the green stripe, fading red characters remind me of the past. These walls are traces of the History. They have their own story, and through them I can feel the stories of the people who have been here, as well as the story of Dahua, facing war and political events through the time.

The factory has been continuously changing through the time, reconstructing and adapting itself to new historical eras and needs. Years after years new elements have been added, often without order or urban planning. But behind the anarchist juxtaposition of buildings we can feel a hidden beauty still breathing. The soul of the place stands still through history.

Back to Beijing we start working, thinking about the right architectural and urban strategy. The factory must change and adapt itself to a new historical era, but the memory of the place is so strong that I am afraid of touching it. However this urban area should not become a museum. The city has its own cycle of regeneration and the factory belongs to it and must evolve with it.

Which are the limits of such an architectural intervention? How much destruction do we tolerate? How much should we add and which architectural language shall we choose? Which level of contrast can be tolerated? How much shall we change the original structure in order to integrate the place in the urban structure of the city?

How to preserve the identity of the place? Our strategy is to identify historical traces and emphasize them by making them the key elements of the transformation project. They will become urban landmarks, they will create the identity of the spaces.

What can be considered as a trace? What does the notion of trace represent in the Chinese tradition? How could this notion of trace be extended to the architecture, and to the city? After decades of intensive urban development in China and massive destruction strategies, this project challenges our responsability as architects. Keeping raw historical traces as a basis of new development is also a challenge for the client and future users, as they will have to tolerate technical constraints and adapt their standard commercial practices to them.

This project is our proposal for a sustainable development of the Chinese City. By eliminating urban boundaries and creating a wide variety of public spaces, the city becomes porous. It regenerates and adapts itself to new uses and becomes multifunctional. Its dilapidated walls remind of the past and give the people a sensitive and poetic way of experiencing their city.

August 2016

城市的迹忆

张汝冰

在中国，位于原地的古碑或古建筑被称为“古迹”。“迹”的本意是人的脚印，后来被扩展至一般性的“痕迹”。“迹”这个字强调了人类痕迹的存留和展示，也定义了记忆的现场。因此当面对充满往昔痕迹的画面、场景和空间的时候，人们往往会受到某种触动，随之产生与记忆相关的种种感受。

在今天中国城市快速发展的阶段，以新代旧的城市化模式中很容易地就将过去的“迹”和“忆”都统统抹去。正是在这种社会背景下，在面对幸存下来的城市街区和建筑时，如何使这些被忽略的、却具有记忆价值的物质环境，尽可能的存留下去，并重新回到人们的城市生活中去，是我们在参与大华纱厂的改造和设计时一直所关注和思考的问题。

初次来到大华纱厂时，我们被那些富有时代特征的工业建筑所深深触动——它们静静矗立在那里，就已然传达出了如此丰富的、与城市的“迹”与“忆”相关的讯息。因此我们的设计思路始终围绕该如何积极地保留这些原有建筑，以及如何谨慎地、有节制地添加新的元素；从而使这样一整片工业建筑群体能够被再度激活，并重新焕发出新的生命力。

在整个改造过程中，我们越来越深刻地认识到构成大华纱厂中所有的建筑体都有其自身的价值，我们应该通过改造设计，尽可能地把这些价值挖掘并呈现出来。以我参与改造设计的一期生产厂房为例，其建成时间为较为晚近的20世纪80年代，但它既是整个厂区直接面向城市的建筑，同时也将会是改造后整个项目面向大明宫遗址公园的主要界面；所以通过设计，我们将最具纱厂特色的建筑剖面轮廓显露出来，并新增与功能有关的建筑形体与之呼应，以能动的方式将建筑中所蕴含的“迹”(厂房内部独有的工业化建筑形式)和“忆”(市民对纱厂的过往印象)清晰而完整地展现出来，由此形成建筑与人的情感联系，让人们对大华纱厂共同的城市记忆以一种新的状态与未来的城市生活联系在一起。

如今再次回到这片厂区，看到我们经过研究和分析所确定的改造策略和设计，在所有人共同努力下，让重生后的大华1935依然存留着点滴之间痕迹和记忆，而正是这些痕迹和记忆，将“过去”带到“现在”，使现在的人们体验到“过去”。因此我们也看到越来越多的人被这种相伴而生的独特气质和氛围吸引而来，并开始喜欢上这里。所有这些，对于我们设计者而言真的是令人欣慰的事。

2016年8月

图片来源

每页图片均是按从左到右，从上到下的顺序排列。

除特殊标明外，本书中其余所有建筑摄影照片均由张广源拍摄；所有版权均为拍摄者本人所有。

除特殊标明外，本书中所有建筑技术图纸、制作的分析图及照片编辑均由中国建筑设计院本土设计研究中心西安大华纱厂改造项目设计团队成员完成；版权为设计团队成员与所属设计机构所有。

目录前页　大华纱厂改造后航拍照片
　　由Frederic　Henriques拍摄
卷首语　崔愷院士现场照片　由王可尧拍摄
第6页～第7页　大华纱厂样布及历史照片
　　由大华纺织工业博物馆提供
第8页～第13页　大华纱厂改造前照片　由王可尧拍摄
卷首对页照片　由王可尧拍摄
第16页～第19页　历史年表相关照片
　　由大华纺织工业博物馆提供
第23页～第24页　大华纱厂改造前照片　由王可尧拍摄
第26页～第39页　大华纱厂改造前照片　由王可尧拍摄
第32页～第33页　大华纱厂原有建筑图纸
　　由大华纺织工业博物馆提供
卷贰对页照片　由王可尧拍摄
第42页　大华纱厂改造前照片　由王可尧拍摄
第45页　大华纱厂改造前照片　由王可尧拍摄
第47页　大华纱厂改造后街道照片　由冯君拍摄
第48页　大华纱厂改造后航拍照片
　　由Frederic　Henriques拍摄
第50页　访谈嘉宾照片　由周萱拍摄
第52页　访谈嘉宾照片　由王可尧拍摄
卷叁对页照片　由王可尧拍摄
第57页　第4号、第10号照片　由冯君拍摄
第58页　一期生产厂房改造中黑白照片　由王可尧拍摄
第60页　相关历史照片　由大华纺织工业博物馆提供
第61页　一期生产厂房改造前照片　由王可尧拍摄
第62页　第三行右一改造后照片　由Aurelien　Chen拍摄
第65页　一期生产厂房改造设计草图　由崔愷院士绘制
第66页　一期生产厂房改造设计草图　由王可尧绘制
　　大华纱厂改造后照片　由冯君拍摄
第68页　大华纱厂施工现场照片　由王可尧拍摄
第69页　右上改造后现场照片　由周萱拍摄
第71页～第72页　一期生产厂房改造后连桥照片
　　一期生产厂房改造后照片　由Aurelien　Chen拍摄
第73页　一期生产厂房改造后照片　由王可尧拍摄
第76页　二期生产厂房改造中黑白照片　由王可尧拍摄
第78页　上一相关历史照片　由大华纺织工业博物馆提供
　　下一　二期生产厂房改造前照片　由王可尧拍摄
第79页　二期生产厂房改造前照片　由王可尧拍摄
第80页　第三行右一改造后照片　由王可尧拍摄
第85页　二期生产厂房改造后照片　由王可尧拍摄
第86页　二期生产厂房改造后照片　由王可尧拍摄
第87页　二期生产厂房改造后照片　由Aurelien　Chen拍摄
第88页　改造前及过程中的照片　由王可尧拍摄
第94页　筒并捻车间改造中黑白照片　由王可尧拍摄
第95页　筒并捻车间改造后照片　由冯君拍摄

第96页　相关历史照片　由大华纺织工业博物馆提供
第97页　筒并捻车间改造前照片　由王可尧拍摄
第98页　第一行左一改造后局部航拍照片
由Frederic Henriques拍摄
第三行右一改造后照片　由Aurelien Chen拍摄
第100页　上一 筒并捻车间改造前照片　由王可尧拍摄
下一 筒并捻车间改造过程中照片　由王可尧拍摄
第101页　改造后局部航拍照片
由Frederic Henriques拍摄
第102页　筒并捻车间改造后广场照片　由王可尧拍摄
第103页　筒并捻车间改造后广场照片　由冯君拍摄
第104页～第105页 筒并捻车间改造后照片
由Aurelien Chen拍摄
第106页　新布厂车间改造中黑白照片　由王可尧拍摄
第108页　相关历史照片　由大华纺织工业博物馆提供
第109页　新布厂车间改造前照片　由王可尧拍摄
第110页　第二行、第三行改造后照片由Aurelien Chen拍摄
第112页　右上改造后照片　由王可尧拍摄
第114页　新布厂车间改造后照片　由冯君拍摄
第115页　新布厂车间改造后照片　由Aurelien Chen拍摄
第120页　老布厂车间改造中黑白照片　由王可尧拍摄
第122页　相关历史照片　由大华纺织工业博物馆提供
第123页　老布厂车间改造前照片　由王可尧拍摄
第124页　第一行右一、第二行、第三行改造后照片
由Aurelien Chen拍摄
第126页　老布厂改造前及改造后照片　由王可尧拍摄
第128页　右上老布厂改造后照片　由王可尧拍摄
第129页　老布厂改造后照片　由Aurelien Chen拍摄
第131页　老布厂时装秀照片　由HEYEE禾已商业摄影拍摄
第132页　第一行老布厂改造中照片　由王可尧拍摄
第136页　综合办公楼改造中黑白照片　由王可尧拍摄
第138页　相关历史照片　由大华纺织工业博物馆提供
第139页　综合办公楼改造前照片　由王可尧拍摄
第140页　第一行左一改造后照片　由冯君拍摄
第一行右一、第二行右一改造后照片　由王可尧拍摄
第二行左一改造后照片　由Aurelien Chen拍摄
第142页～第143页　综合办公楼改造后照片
由Aurelien Chen拍摄
第144页　第一行综合办公楼改造中照片　由王可尧拍摄
第145页　综合办公楼改造后照片　由王可尧拍摄
第146页～第147页　综合办公楼改造后照片
由Aurelien Chen拍摄
第148页　老南门办公区改造中黑白照片　由王可尧拍摄
第149页　老南门办公区改造后照片　由冯君拍摄
第150页　相关历史照片　由大华纺织工业博物馆提供
第151页　老南门办公区改造前照片　由王可尧拍摄
第152页　第一行中一、第三行改造后照片　由王可尧拍摄
第154页　上图老南门改造前照片　由王可尧拍摄
第155页　老南门办公区改造后照片　由冯君拍摄
第159页　老南门办公区壁画修复照片　由王可尧拍摄
第162页　厂区锅炉房改造中黑白照片　由王可尧拍摄
第164页　相关历史照片　由大华纺织工业博物馆提供
第165页　厂区锅炉房改造前照片　由王可尧拍摄
第166页　第一行左一改造后照片　由王可尧拍摄
第167页　右下 改造后照片　由Aurelien Chen拍摄
第168页　厂区锅炉房改造后照片　由冯君拍摄
第170页　下一 改造后演出照片
由西安曲江大华渥克文化商业管理有限公司提供
第171页　左下输煤廊改造前照片　由王可尧拍摄
右下输煤廊改造后照片　由Aurelien Chen拍摄

第175页 上一 改造后艺术家工坊院落照片 由王可尧拍摄

第176页 厂区锅炉房改造后航拍照片
由Frederic Henriques拍摄

第182页 访谈嘉宾照片 由周萱拍摄

第184页 访谈嘉宾照片 由王可尧拍摄

卷贰对页照片 由Aurelien Chen拍摄及制作

第188页 大华纱厂改造前、中、后用地照片
下载于Google Earth

第189页 大华纱厂改造后航拍照片
由Frederic Henriques拍摄

第196页～第199页 大华纱厂改造后街道夜景照片
由Aurelien Chen拍摄

第200页～第201页 改造后空间使用设想图
由中国建筑设计研究院建筑师 刘言恺绘制

第202页 访谈嘉宾照片 由王可尧拍摄

第203页 第205页 第207页 第209页 改造后各项活动照片
由西安曲江大华渥克文化商业管理有限公司提供

第206页 访谈嘉宾照片 由周萱拍摄

第208页 访谈嘉宾照片 由周萱拍摄

第210页 访谈嘉宾照片 由王可尧拍摄

第212页 访谈嘉宾照片 由王可尧拍摄

第214页～第219页 大华纱厂改造后航拍照片
由Frederic Henriques拍摄

后记 作者照片 由张汝冰拍摄

附录 作者照片 由王可尧拍摄

改造后的“大华1935”获奖及称号

2011年11月 “大华1935”被国家文物局评为第三次全国文物普查百大新发现（改造中获颁奖）

2012年2月 “大华1935”获得中国建筑设计研究院方案设计（公建类）二等奖

2012年12月 “大华1935”获得2012年度中国最具城市商业价值商业街项目奖

2014年2月 “大华1935”项目获得首届中国城市时尚盛典传媒时尚大奖——年度时尚榜样奖

2015年9月 “大华1935”项目景观设计获得第八届中国威海国际建筑设计大奖赛特别奖——城建金牛奖

2015年9月 “大华1935”被评为中国商业地产最具关注度商业项目

2016年1月 “大华1935”获得西安市第三批市级服务业综合改革点聚集区称号

图书在版编目（CIP）数据

重生——西安大华纱厂改造 / 中国建筑设计院有限公司主编 .
— 北京：中国建筑工业出版社，2018.1
（中国建筑设计研究院设计与研究丛书）
ISBN 978-7-112-21546-1

Ⅰ. ①重… Ⅱ. ①中… Ⅲ. ①纺纱－旧建筑物－工业建筑
－旧房改造－建筑设计－西安 Ⅳ. ①TU746.3

中国版本图书馆 CIP 数据核字（2017）第 288919 号

责任编辑：张 明 徐晓飞

责任校对：焦 乐

中国建筑设计研究院设计与研究丛书

重生——西安大华纱厂改造

中国建筑设计院有限公司 主编

*

中国建筑工业出版社出版、发行（北京海淀三里河路 9 号）

各地新华书店、建筑书店经销

北京雅昌艺术印刷有限公司印刷

*

开本：889×1194毫米 1/20 印张：$11\frac{3}{5}$ 字数：345千字

2018年3月第一版 2018年3月第一次印刷

定价：98.00元

ISBN 978-7-112-21546-1

（31202）